这不是一本养花指南……

Indulge He Himself in Flower Planting

一年无事为花忙

徐晚晴 / 著

江西美术出版社
全国百佳出版单位

徐晚晴，女，1985年生于江苏宜兴。毕业于苏州大学中文系，
曾出版小说集《我不知道该如何像正常人那样生活》。
植物爱好者、资深养猫人。
曾居北京、苏州，现居美国西雅图。

我种花，因为它们不会问我问题，它们只会让我自己去寻找答案。

目录

Contents

前言

秋

007/ 秋播：一年种花的开始

015/ 购买球根的季节

022/ 酢浆草

028/ 石蒜科

037/ 多肉植物最美的季节

043/ 一株观音莲的一年

冬

049/ 天竺葵：最好的阳台植物

056/ 蟹爪兰

064/ 露薇花

069/ 彩虹花

074/ 仙客来

080/ 买一盆水仙才像过年

春

087/ 春天的球根

095/ 报春花

101/ 蛾蝶花

105/ 蓝花丹

110/ 月季花

115/ 长春花其实是长夏花

夏

123/ 苦夏之花

131/ 红葱的刹那芳华

136/ 风雨兰：开花总在风雨后

141/ 大花马齿苋

147/ 洋桔梗和桔梗

153/ 凋谢

梦

161/ 儿时的乐园

168/ 外婆家的院子

173/ 爸爸的小花坛

183/ 梦中的花园

前言

◇◇◇◇◇◇◇

Preface

2013年的秋天，我和我先生离开了北京，来到苏州安家。在离京之前，我把种养的花都送给了在北京的朋友。到苏州之后，我把空空的花架装上，再把一些从娘家带过来的花放上去，愉快地打开购物网站，开始买盆买土，期待一个繁花似锦的春天。

第二年春天，很多花如期开放。我肚子里怀上了宝宝。我看着花草的生长，感受着肚子里那个小生命的变化。那年冬天，她来到我的生活中，从此陪我一起看花、种花。

在忙乱中度过了有孩子的第一年，晚上等孩子睡着后独自去阳台上坐一坐，是我疲惫的一天中最美好的时刻。

到有孩子的第二年，她真的可以陪我一起种花了。她帮我浇水，浇到自己的脚上就说一声“啊噢”。后来她学会了用喷壶，往里面打气，按下按钮，对着花盆喷水。今年春天，她往一个空花盆里装满了土，问我要种子，给她爸爸种了一盆辣椒，“因为爸爸喜欢吃辣椒”。我带着她看刚刚发芽的小苗，日日浇水，看辣椒开花，此时已经结了一些小小的绿色的辣椒，比她的手指还要小。

前言

我断断续续地写一些短短的文字记录种花的过程，对我而言，记录播种时间、开花日期，比寻章摘句在文字中找寻意义更有意义。我也用照片记录植物的状态，中间换过两次相机和镜头，本书中大部分图片来自自己种出的花，另有些篇幅配图用其他地方拍的照片做补充。

这不是一本养花指南，在养花这事上，我技术不是很好，种的时间也不长，品种也不太多，我走过一些弯路，干过一些傻事。我的阳台不大，光照不是很好，有个露台或者花园是我时常念叨的事情。我精力有限，想种的又太多，总是在与自己的欲望做斗争。

我翻阅这些文字，发现自己的心态在变化着。从前我常抱着“人无我有”式的炫耀求新求奇，后来渐渐懂得了“人弃我取”需要勇气和品位，知道这也并不值得炫耀。现在，我种花，不管它俗不俗，不惧随大流，也不畏走蹊径，只求自己喜欢。

种花是一件需要付出的事，同时也是一件值得期待的事。我种花，因为它们不会问我问题，它们只会让我自己去寻找答案。

播种是秋天该做的正经事。

秋播：一年种花的开始

某天早晨，我站在阳台上，面对着一堆空盆，突然间一阵凉凉的风吹来，我打了个哆嗦，然后开心地想：啊，秋天来了！

于是开始愉快地买买买。

先买种子，再买土，数数盆，不够再买。收到后，开始播种，然后发现土不够了，再买，继续种，种了一大半，发现盆不够了，再买！就这样不断循环，最后发现阳台上放不下了，于是又在心中做起了花园梦。

播种是秋天该做的正经事。

先来说说播种的事情。种子大致可以分为秋播和春播两种。耐热但不耐寒的植物春播夏开，到秋冬枯萎，完成一季生命。不耐热但耐寒的植物可秋播，长成小苗越冬，到春天开花，夏天太热可能会死掉。在苏州种了几年后，我基本只在秋天播种

了，因为夏天实在太热，没几样花能熬得住。

有人喜欢直接买小苗种，这样比较省事。我个人比较喜欢播种，看一颗种子在自己的照料之下发芽、生长、开花、结实，完成整个过程，有一种功德圆满的成就感。

种子的发芽率与品种有关，有些植物的种子较难发芽，有些随手一撒就发芽一片。这也与种子的新鲜度和质量有关。所以我一般买进口种子，虽然贵，但发芽率更有保障。

在种花的几年中，认识了一些花友，会互通有无，分享种子。

大部分种子发芽的适宜温度都是20度上下，因此有谚语“清明前后，种瓜点豆”，在苏州时我选择9月中旬或者3月底播种，在北京时我总是在早春停暖气前一个月播种。有些耐低温的可以往下5度，有些需要更高的温度。种子是活的，如果你在较低的温度播下去，它会一直等到温度合适时再发芽，这就是为什么有些人把种子播下去之后一两个月才发芽。我曾试着在11月播了一盆石竹，它到第二年2月底才开始陆续发芽。

有些种子播种前需要做一些预处理：

1.冷藏：比如飞燕草、古代稀如果放在冰箱冷藏室里几天会更容易发芽。

2.人工破壳：比如莲子。

3.提前浸泡：有些种子放在水里浸泡之后会更容易发芽，我通常用两片浸透水的化妆棉夹住种子，放在碟子里，碟子上封上保鲜膜，放在暖处三五天，其间要经常打开透气，并且观察是否已经长出白色的根，一出现根，就要立即种到土里去。

4.包衣种子：买进口种子时，时常会买到包衣种子。包衣一般带药，以提高种子和幼苗的抗逆性，因此最好不要用手直接去接触。包衣还有个作用，让细小的种子更易见、易取。因此包衣种子直接播，不要浸泡，也不要把包衣刮掉。

早些年种花，我都是直接把种子撒在大花盆里，后来发现这样不容易控制水分，往往表层土干了，底下全湿的，对根系生长十分不利。近几年，我用一种三合一的育苗盒，它包含了一个苗穴盘、一个托盘、一个盖子。把泥炭淋湿后放入育苗盒中，埋入种子，盖上盖子以保持湿度。小苗浇水时往往容易被水冲倒，因此用浸盆法最好，把育苗盒放在水中，注意水的高度不能超过育苗盒，让水从底孔慢慢渗透到表层即可。等长出三四对真叶时，再移栽到定植盆中。

比育苗盒更省事的是育苗块，它像个压缩面膜，泡在水里会急速膨胀，等到不再胀大了，从水中取出，一个育苗块播1—2颗

Autumn

种子，等到移栽时把外面的无纺布去掉后直接埋入盆中，不伤根，很省事。

我们也可以废物利用，平时吃完酸奶小盒子不要扔掉，洗干净当育苗盒正好，切记一定要洗干净，不然会发霉的。并且不要忘了用锥子在底下打孔。

看一颗刚刚发芽的小苗是一件特别温柔的事情。

子叶和真叶的形状相去甚远，在很多植物图谱上，你无法找到子叶的样子，如果不是自己播种，很少能看到它。童年时，我

第一次仔细观察的是凤仙花的子叶，两片一对，圆圆的，叶尖略往里面凹，像一对绿色的小苹果，子叶有点厚实，光线照射时，感觉里面蓄满了能量。等到狭长地带着锯齿的真叶长大，越来越多，子叶就渐渐凋萎，仿佛不曾有过。

每一个养花人，都有那么一段把一棵再普通不过的东西当宝贝养的时光。凤仙花是我种的第一种花，那时我大约10岁，那种精心呵护小心翼翼，现在想来或许有些幼稚可笑，一朵普通的凤仙花已经不再能吸引我的注意力，但是幼年的我蹲在那儿观察第一朵花时的样子现在还一次次以其他的方式重复着，那是我面对这个世界上一切神秘、芬芳、娇弱、易逝又永恒的美时最本真的姿态。

風信子

购买球根的季节

每年8月，我都会开始列购物单，把想买的球根添加到购物车里，然后买盆买土，等待收货。

很多人问，球根怎么挑选品种？

很简单：喜欢什么买什么。

这话听起来像是什么都没有说，但确实就是这样，球根是怎么种都能开花的东西，所以当然是喜欢什么买什么了。

球根是个笼统的称呼，严格来说，有的是鳞茎，有的是块根，有的是球根。

球根类是商品化程度非常高的花卉，如果只是当一年生的栽培，它太容易种了，埋到花盆里，浇水，等待开花，即可并且花朵都十分美貌。

球根类一般分春种的和秋种的。春种的耐热怕冷，秋种的怕热，夏季休眠。夏季休眠的球根植物的原生地一般为地中海气候地区，地中海气候最大的特点是雨热不同期，即冬季温和多雨，夏季炎热干燥。了解一种植物的原生地气候特征，对养护（尤其是复花）大有裨益。

什么叫“复花”？

复花就是经过一次休眠之后再次开花。

有些球根植物非常容易复花，有些需要一些难度但可以一试，有些基本不能复花。

第一类没什么好说的，第三类就只能放弃了，第二类属于可以努力一下试试的。

我们以风信子为例，它属于第二种情况。

如前所述，球根类的商品化程度很高，商家自然是不希望你买了一个球年年开花的,所以我们常常见商家把风信子养在水里（称之为“水培”），看起来又美又干净。水培的风信子因为缺少养分，开花会耗尽球茎里储存的养分，因此基本不

能复花了。

想要复花一定要种在土里。

我看过一些相关的专业书，也听取过一些花友的成功经验，对于风信子的复花大致要点如下：花开过后，把花茎剪掉，留着叶子，追肥（最好是把表层的土换成鸡粪肥），正常给水，直到地上部分自然枯萎。把种球挖出来，起球后，干燥通风保存（很多球根都是这个做法，目的是模拟原生地高温干燥的环境）。风信子的花芽萌发于夏天，此时适宜的温度是30度，因此不要放在朝南阳台等温度特别高的地方。球根在秋天种。之前看过很多关于防止风信子缩脖子（夹箭）的帖子，一般都是"关小黑屋"，实际上，防止夹箭最好的办法是把种球在8度的环境中冷藏60天。

然而，不管你怎么努力，第二年的花或多或少会有退化现象，有些人认为这样"没有观赏价值"，我却认为舒朗一些的花朵比密密麻麻的要好看，而且自己亲手养到复花，成就感满满，会格外珍惜，绝对值得一试。

在我最近几年的种植经验里，观赏番红花、花毛茛、欧洲银莲花是不能复花的，当然也可能是我技术不够好。风信子、洋水仙属于养好了可以复花一类。郁金香属于难度很大，但可以复花一类，我妈妈种了好几年，隔了两三年才再次开花。其他的，如鸢尾、春星韭（花韭）、蓝壶花（葡萄风信子）、香雪兰（小苍兰）、朱顶红等，均属于年年开花的。至于百合，视不同的品种而定，然而我家有猫，我从没有种过百合。

近年来，出现了很多新品种，彩色马蹄莲、立金花、雪割草、魔杖花、酒杯花、庭菖蒲、宫灯百合、贝母、围裙水仙、雪光花、虎眼万年青……总有一个“坑”在等着你奋不顾身地往下跳。

种植球根难度很小，可总是有人来问“我的郁金香为什么没有了”之类的问题。种下去后，浇水不能太勤快，否则在江南连绵的冬雨时，球根会在潮湿的土里慢慢发霉，最后化为泥土。在生长季节来临前，保持微微潮湿总体偏干的状态就好了。

其他的事情，就剩等春天来了。

酢浆草

酢浆草

酢浆草也属于秋天要买的球根，但我想把它拿出来单独说。

酢浆草会让人产生收集品种的邪恶想法，因为它花色繁多，又可以用很小的盆种植，不占地方，所以一不小心就容易买很多。

最早见到的酢浆草是关节酢浆草，有些年被作为绿化植物广泛种植。我读大学时，学校水房门口有块绿地，中央栽着一棵很大的雪松，周围全是酢浆草，花开时一片红霞。我常在打水的时候透过玻璃反光凝视这片红色，看过之后，仿佛稍稍增长一些力气去支撑这种乏善可陈的生活。至今还是这样，苏州的绿化带里到处可见这种酢浆草。它们会在某个时间用铺天盖地的花朵给你很多鼓舞，“来吧，一起绽放吧，一起打起精神生活吧”。

在自己阳台上种的酢浆草最初是紫叶芙蓉酢浆草和深粉芙蓉酢

浆草。它们是有一年冬天一位朋友来北京时顺便带给我的。

后来的两三年，陆续收到朋友赠送的酢浆草种球，加之买其他花送的，共有10个品种。我并非酢浆草狂热爱好者，有一些就没想再去买。

收到的酢浆草球根如果还在休眠，则不能马上种下，可放置于通风处避光保存。入秋后要时常查看，长出白色根须就说明球醒了，可以种到盆里去了。酢浆草大概分秋植和春植的，前者居多，所以我只讲秋植球，春植球跟秋植的生长周期相对，春夏生长，秋冬休眠。

在我每年种植的酢浆草中，“大饼脸”发芽最快，开花最早，10月份就开花了，花朵很大，大饼脸名副其实，叶子也大，闻起来有一种淡淡的酸溜溜的气味，花后植株长得披头散发，毫无矜持可言，一直装草直到枯萎。我一度想不再种它，却还是年年把它种进盆里，大约是种了多年，已成习惯吧。另外，大饼脸的种球也很大，像某种动物的尖牙。

紫叶芙蓉酢浆草的叶子很好看，光是观叶也值得种一盆。在光线充足的时候，叶子呈现出紫色天鹅绒般的质感，泛着点点的光。相对来说，花倒不怎么出彩，而粉花芙蓉的花色柔美得多。

爪子酢浆草的叶子像小爪，刚从土里钻出来的时候特别可爱，“双色冰淇淋”是藤蔓状的，此花图片甚美，让人垂涎，自己种过之后发现它只是个背影杀手，在光线好的时候，透着光，从背面看，确实非常美，但也仅限于从那个角度看。

有一种黄色单瓣的品种，我起初以为叫“黄麻子”，后来发现不是，黄麻子叶片上的斑点更多，分布均匀，这种的斑点只是在叶片底部。它特别勤花，第一茬花谢后，歇了一个月，又开了一茬，比之前的更多、更大，每天都开，持续了一个月。每一个有阳光的日子，它们都献上明亮的黄色花朵。阴天的时候，它的花开得不是很灿烂，但不罢工。芙蓉系的花朵在阴雨天压根不开，如果碰上连续阴雨，就只能眼看着花苞膨大，没有开，直接枯萎，非常叫人伤心。

酢浆草对光照强度要求比较高，如果阳光充足，植株会低矮粗壮，花多茂密。缺少光照则会叶子徒长，细弱倒伏，花开寥寥。

在地暖的庇护下，我的这些酢浆草能灿烂一整个冬天。春末植株开始枯萎，这时候需要断水，等完全枯萎之后，就把它们从盆土里翻出来避光保存，这个过程叫“起球”。也可以不起球，让盆土保持干燥度夏，秋后浇水即可发芽。我喜欢起球，这个过程跟挖土豆类似，是件十分愉快的活，带着收获的喜悦。干燥的盆土很容易倒出来，用手轻轻掰开松软的土块，就能看到一颗颗种球，像一窝小动物正抱团取暖。摘掉根须，去掉残叶，抖去宿土，写上便笺，把它们放在收纳盒中。把一盆土中大大小小的球根都挑干净，再去处理另一盆。这是一种不需要语言的劳动，仅仅是动作本身，就足够慰藉心灵。我甚至矫情地想，如果有一天我不再使用语言，我就在土地上播撒群星。

朱顶红

石蒜科

在江南的秋天，观桂是头等大事，但我更喜欢去找石蒜属。

在我住的地方附近，小区里、公园里、河滩边，常能见到看似野生实则是栽种的石蒜、矮小石蒜、稻草石蒜、江苏石蒜、中国石蒜等。由于花期太短，长得分散，很少能见到大片的石蒜。早些年在苏州大学读书时，本部四幢小楼附近有成片的石蒜，十分红艳妖娆，让人惊叹，但我四年也就见过一两次。最近几年总想趁花期去拍照，一直没能实现。

好在我种了一些石蒜科的花。

南非真孤挺是2016年上半年入的球，夏天太热了，一度以为要死掉。入秋后浇了一次水，9月20日发现球醒了，出了个花苞，花苞扁扁的，前端像鸭嘴。花茎长得很快，一昼夜能蹿高近5厘米。三天后花苞裂开。一周后，开了第一朵，接下来的两个多小时里，第二、三朵也开了，粉雕玉琢的。花的香味十分接近

于同为石蒜科的垂筒花。

花开的那天上午，我什么事也没做，就坐在阳台上晒着太阳听着音乐看花开。

9月28日，开到全盛，共8朵。一大簇花开在孤零零的一枝花茎上，真孤挺之名不虚。

有人问这花好不好种。我觉得可能不是很好种。我的球是从花友那儿买的，据他说他是2008年从国外团购得来的球，一直到2012年才第一次开花。他发现翻盆当年不能开花，因此建议我

用大盆种植，减少换盆次数。这位花友也一再强调，今年不会开花。然而着实让我惊喜了一番。我猜可能是因为母球在国内种植多年已经有些适应当地气候了吧。

花谢后，我把花朵剪下，花茎还留着，因为据说可以进行光合作用。没多久开始长出叶子，叶子又长又宽，油油绿绿。到了春末，叶子枯萎，开始夏季休眠。休眠结束后又到花期。

网球花在广州那边是5月底开花，在苏州这边，我种了两年，花期都在6月底、7月初。

6月底出花苞，每天蹿高很多，6月29日开了外圈的几朵，到7月3日开成完美球状。虽说名叫网球花，实则比网球大多了，跟排球差不多大。我每年都数一下花朵数量，第一年是42朵，第二年是60朵小花。这些小花花瓣等长，花梗等长，组成一个结构十分精巧的球。我时常在花前驻足，细细观察那精妙的结构，感受自然的神奇之处。

花球在一周之后开始黯淡、枯萎，会有些结种子，我不想收种子，提早剪掉了。

网球花开花时已经长了一两片叶子，花后又长了几片叶子，叶子比南非真孤挺要阔大，看着十分清爽，当观叶植物也不错。管理也十分简单，保持盆土偏干，花芽长出前施些磷钾肥即可。

石蒜科的花复花容易，有些爱生小球，有些不容易生小球，网球花属于后者。不过每年能看到一个红艳艳的球已经让人十分欣喜了。

白肋朱顶红我种了很多年，是特别省心的花。我通常把它放在花架最底层，上面的花浇水漏一点下去，差不多就够它维持生

命。9月初，我会把它从花架底层端出来，查看一下有没有出花苞，通常，它会在9月上旬、中旬露出花苞，在一个月之内开花结果。更暖和的地方，或者冬天有暖气的地方，会在春天再开一次，但苏州的冬天太冷，开不了。我的这一盆曾在2014年冬天出过一个花苞，因为温度太低，花苞后来枯萎了。

白肋朱顶红和朱顶红，都产自南非，不是中国本土种，所以我向来反感“洋朱”“土朱”之分，想它不过是商家的宣传策略。进口的朱顶红种球比较贵，有些花朵大得像假花。我不太喜欢，也一直没有种过，不过倒是打算买几个大红色的球给我爸爸和我舅舅。老一辈养花人多半都是大红花爱好者，而我是小白花爱好者。

朱顶红容易杂交、结种子。我曾从花友处分得几颗，种子是黑色的圆片状，很轻，放在清水里漂着，容易发根，花友称之为“水漂法”。生根后种到土里，很快就能长出小苗。小苗过夏天时需要注意避暑，我的就是那时候夭折的。看过花友从播种到开花，只用了两年时间，真是鼓舞人心，有兴趣的朋友不妨一试。

我们小区里底层带花园的一户邻居在篱笆边种了很多长筒石

蒜和黄长筒石蒜，非常好看。花后任其结种子，种荚开裂后，我问人要来两颗种子，回来保存在湿沙里。长筒石蒜的种子跟朱顶红种子不一样，它大而饱满。大种子常在湿沙中保存。这一盆湿沙中，我还放了几颗紫藤种子和牡丹种子。牡丹种子没有发芽，紫藤和长筒石蒜种子后来都发芽了。紫藤特别能长，根系发达，不适合阳台种植。长筒石蒜长得很慢，小苗半年有叶子，半年装死。周而复始，一枯一荣。现在已经是第三年了，还没有长大到能开花的阶段。

我种花的时候，时常避免大棵的木本和多年生的草本植物，因为搬家不好带走。我的生活总是在变化中，从一个地方到另一个地方，总是在告别过去的一些东西，我时有遗憾和不舍。我总是挑选能迅速开花、能在一季花期之后毫无内疚感地与之告别的植物。种长筒石蒜时，我并没有期待它会发芽，也没有想到我能一年又一年看小苗长大。最近一两年，我的心态在渐渐转变，照顾它们的过程是令人愉快的，它不紧不慢地生长让我知道成长的艰辛与漫长，而我，也可以不那么汲汲地追求一个开花结果，享受这其中的过程就好了，它更朴实，更寂静。想到此处，忽然忆起中学时背过的泰戈尔诗句——“叶的事业是谦逊的”，道理早就知道，但是真正明白却已到中年。

虹之玉

多肉植物最美的季节

几年前，多肉植物开始火起来。每天都可以在网络上看到无数萌肉的照片，圆鼓鼓、毛茸茸、肉滚滚、粉嘟嘟，简直就是可爱的代名词。加之它有生长缓慢占空间少、栽种用硬质植料灰尘少、耐旱、病虫害少等优点，让我奋不顾身地跟着跳入坑中。

当时还在北京，只是种了几种。在有暖气的冬天，它们隔着玻璃晒着太阳，长得很好，我每天盯着它们看，就像看自己的小崽一样专注，满怀母爱。后来离京，把大部分都送人，剩下几种爹不疼娘不爱的，只好带到了苏州。后来又陆续买了很多品种，美其名曰为新生活添砖加瓦。也厚着脸皮从朋友那边要来很多叶片，叶插繁殖，长成新的植株。

多肉植物最常用的繁殖方法就是叶插，从植株上掰下一片健康饱满的叶子，晾干伤口，平放于干燥的盆土上，等待它生根，扎进土里，长出新芽，成为一株新的植物。这个过程简直神奇。而你几乎什么都没有做，只是给它们一点时间。

多肉生长需要很强的光照，缺少光照容易长得又瘦又高，即所谓的“徒长”。避免徒长的一个办法是把它截头，用类似叶插的方法让它发根，扎进土里，长成一棵低矮的植株。也可以把杆子上的叶片全部捋下，让它长成一根“老桩”，像个微缩盆景。用这种方法可以达到一些特定的效果，但最好还是让它自自然然地生长，多享受阳光。

在苏州的每年夏天，我都会损失掉一些多肉。从前我会想：多肉不是很耐热吗，怎么就不能度夏了？其实耐热和耐旱是两码事。 如果只是单纯的热，大部分多肉植物还是可以承受，最怕的是高温时突然而至的阵雨，就像一瓢热水浇上去，不死也得脱层皮。高温加高湿，多肉植物很快就会得黑腐病死去。夏天过后，死伤一片。想要安全度夏，最好就是放在通风防雨的地方，拉起遮阳网，断水。

当然，也有夏天生长旺盛的多肉，比如仙人球类。仙人球类的花期多集中在夏季，很多只开一天，有些还在夜晚开放。愈是短暂的美丽愈叫人怜惜，更何况是长满毛刺的球上开出的仙女

一般的花朵。如果条件允许，我想种很多仙人球，然而我只有一棵“绯花玉”，它很勤花，一年开好几次，相对其他品种来说堪称劳模。

立秋之后，天稍稍凉快，早晚温差增大，这时候，多肉恢复生长，渐渐露出图片上最好看的颜色。很多人被带入肉坑主要是因为图片，可种上之后发现其实不是那么回事，多肉的颜色随季节和光照发生变化，宣传照上那种最好看的颜色，或许只有短短的一两周才有，其他时候都是面露“菜色”。秋天，差不多就是大部分多肉最好看的时候了。

有些多肉秋天会开花，生石花即是一种。秋天也适合播种多肉。我曾播过生石花。生石花的种子细小如灰尘，播种时需要屏气凝神，在避风处，用牙签细细地把种子点到土上。播种时，我用的土是非常细的赤玉土和播种泥炭按1:1混合，种子点上后，连盆坐在水中吸透水然后覆膜等发芽。我播了200颗种子，一周左右发芽，发芽约60%，但是小苗的生长过程中，很容易死掉。如果小苗能熬过第一个冬天，呈现出古铜色，那差不多就不太容易夭折了。尽管如此，我播种的一大盆，最后只活下来14颗。这些苗安然度过了三年，此时我正在等待它开花。

观音莲

一株观音莲的一年

去年冬天，有个朋友从上海来，带给我两棵观音莲的幼崽。之前她在网上放过她养的观音莲的图片，她养的观音莲堪称惊艳，让人看到最普通的植物惊人的生命之美。

我把这两株没有根的小苗分别种在两个小瓷盆里，因为是怎么都能活的品种，就用全粗沙种了。之后很久都没浇水。

到了3月初，叶片已经包得紧紧的，变得很薄，从侧面可以看到长出了许多根须，于是浇了一次透水，第二天就见效了，叶片舒展开来，变得饱满有力。之后它就在这个小盆里努力生长。

到4月12日晚上，看到它的叶片已经长满了整个盆，作为手欠星人，我就把它挪到了一个内直径为16厘米的瓦盆里。这次用的植料是大半的粗沙兑小半泥炭，加了一小勺缓释肥。此时对于它来说，这个花盆显得大得过分。

没几天，发现它开始长出小爪子来。到5月20日，已经有9个株芽。

最后，它一共下了10个幼崽，带着一群小崽穿越夏天。整个夏天，我一直把它们放在南阳台的一角上，也没怎么去管它们，有时候会淋一点雨，有时候让它们晒晒太阳。叶缘的红色渐渐小了，变成纯绿的，但依旧精神饱满。

小崽们也渐渐变大，围在母株周围，渐渐地，那个盆也不显得大了。

天气转凉，红边慢慢地又出来了。

观音莲是景天科长生草属中最普通的一种，是养多肉人眼中的“普货”，资深玩家不屑去养。但是，正像这个属的名字一样，它蓬勃而坚韧，只要给它一定的时间、适宜的条件和少量的照料，它回报给你的是来自平凡生命的美丽。在我观察这一株观音莲的一年之中，有一句话久久回荡心中——生命虽小，壮阔如诗。

与他有关的记忆，始于冬天，终于冬天。

天竺葵

天竺葵：最好的阳台植物

我爱植物，却对品种不执迷，牡丹也爱，蒲公英亦喜。开花，就是一场欢喜。无花，观叶也好。对于种花，我喜欢看植物从种子破土而出一路成长，最后开花结果，胜过从花市买来开花正盛的。我还年轻，经得起等待。

春天的时候，趁北京的暖气还没有停，我从网上买了天竺葵种子来种。

这次买的种子是混色，一包10颗，是包衣的。所谓包衣就是在种子外面裹了一层东西，一来颜色鲜艳便于识别，二来可保护种子（注意：处理包衣种子时最好戴橡胶手套）。有人说包衣的种子需要用纸巾催芽，我没有，直接投到土里了。它们发芽速度惊人。

2月28日，将种子播到土里，3月2日就有一颗急先锋发芽了。播种用的是纯泥炭土，两个凤梨酥盒子改造成了育苗盘，非常

适用。

到了3月3日，已经发芽6颗。其他的几颗也在接下来的三五天里陆续发芽，发芽率100%。

天竺葵的子叶是圆圆的，毛茸茸的。到3月12日，两片子叶中间长出一片真叶，真叶和子叶的形状完全不一样，叶的边缘像是用刻刀仔仔细细地刻出来的。

渐渐地，叶子上长出暗红色的花纹，天竺葵的特征一目了然。

等到绽出六七片真叶，我就把它们通通移栽到了长条菜盆里。

这时候，家里的猫开始变得讨厌起来，用我们家乡话说就是“皮到拆天”。阳台上的花花草草基本被打翻咬断。只有天竺葵幸免于难。我想大概是因为天竺葵的叶子有一种特殊气味吧。

10株天竺葵挤在一个长条盆中，不疾不徐地生长着。夏天短暂地休息。初秋，疏出其中4株，盆里没有那么挤了，那4株住进了单间，更加起劲地生长。

10月初，最大的那一株已经骄傲地长出了花苞。在10月的最后两天，它开花了，西瓜红色。几天之后，花朵簇在花梗顶端开成了一个花球。随后，第二株开了，纯粹的朱红。第三株是大红色，但是花瓣的底端有很多白色，红色像是用彩铅涂到粗糙纸上那般，不均匀。第四株的颜色与第一株一样。第五株的颜色偏玫红，其中两片花瓣下端有白色，三片全玫红但有深色的点。第六株也是朱红色。

其他的4株，除了最后一株长得特别慢的，其他3株全部“砍头”，为了多分蘖叉枝，所以目前还没有动静。

它们比赛似的开花，阳台上笼着一片红色的云霞。猫时常轻盈地跳到花盆旁边，嗅嗅，趴在旁边打个盹。

我每天都要把开败的花剪下来，以保证其他花朵开得足开得壮。某天，蓦然发现一朵躲过剪刀的花迅速地结出了一个蒴果。考虑到整个花梗上的花已经到了开花后期，便留下一部分任其结果。它们一点都不懈怠，每一朵花都结出了一个果。果实像一个个小灯盏，牻牛儿苗科的特征一目了然。几天之后，果实裂开，里面的种子每一颗都带着一个扭转的小尾巴，上面的细细的白色绒毛旋成裙摆状，这种非常精巧的结构并非为了美观，而是为了让种子借着微小的气流也可以飘得很远。

常有人让我推荐几种适合新手的植物，我的标准回答是：天竺葵。

听者往往撇撇嘴，不置可否。

天竺葵真的可以算是我养过的最好的植物了：第一，耐旱，出门两周没有大问题，只需在出发前浇透水；第二，不生或极少生病虫害，这一点对于封闭阳台上种植尤为重要；第三，防猫，很多花友都跟我哭诉养的花被猫啃了，于是我会诚恳地建议他种天竺葵。

我在离京之前，送了一棵天竺葵给住得很近的同学。她之前从没有成功养活任何植物，也常自诩植物杀手。后来，那棵天竺葵在她手上越长越好，四季开花，让她有了信心，于是开始打理满是杂物的阳台，去花市买回一些其他的花，从此变成了一个养花人。

天竺葵除了种子播种的之外，还有很多靠扦插繁殖的品种。我曾种过垂吊型的盾叶天竺葵“夏日玫瑰”“龙卷风”，家天竺葵（大花天竺葵）“托克完美”“橙色天使之眼”等。除了买花苗，也常能从花友那边得到枝条，自己扦插。

天竺葵在苏州这边度夏时需要适当遮阳，或放置于阴凉处，适当控水。盛夏来临前，可以进行修剪，只留大的主枝，剪下的可以扦插“备份”，这样可以保留火种，以免高温之后全军覆没。

如果硬要说缺点，掉花瓣可能算是一个。你需要每天在阳台上扫去落花，这时候，你不能想着这是苦差事、麻烦事，而要假装自己是黛玉，这样，掉花瓣算什么呢？就像猫掉毛一样稀松平常嘛。

蟹爪兰

蟹爪兰

最近两三年，每年入冬时我都会进行一场仪式：先打上一盆水，拿上一块干净的海绵，再把两盆蟹爪兰从花架最不起眼的角落里端出来，自己坐在小板凳上，用海绵沾上水，开始一片片擦干净叶片上的灰尘，一边擦，一边观察它的花蕾状态，数一数大约能开几朵花，再挑一个阳光充足的地方，把花盆放上去，最后浇上一瓢带有水溶肥的水，等待它们开花。

我有两盆蟹爪兰，有一盆开淡粉红色花朵的是朋友送的，每次擦它上面的灰尘，我都会跟孩子说："这盆花是欠欠阿姨送的，欠欠阿姨在图书馆修书。"特别爱看书的小孩这时候就会对做古籍修复工作的欠欠阿姨充满敬意，觉得她是天下第二厉害的人（第一厉害的是公交车司机）。我在养花的几年里，认识了一些很棒的人，欠欠是其中之一。

另一盆有些年头了。我依然记得买花那天的情景。那是2007年的冬天，我待业在家无事可干。那天我爸爸看我无聊，便提议

Winter

去花鸟市场转转。宜兴的花鸟市场，以前是在团氿边，烈士陵园附近。爸爸经常带我去，看看各种花草，教我认一些植物，买一两盆花，沿着西氿边走回家，边走边聊天。后来搬迁到了水浮地公园附近，我们就很少去了。那次我跟爸爸是搭公交车去的，买了花后照例走回家，走了很久，他说反正也没事，不如走走。时至今日，一路上我们聊了些什么我已经不记得了。我只知道我爸爸只字未提我的待业状态，没有给我任何压力，也没有一句人生指导。

那盆蟹爪兰买回来后，陆陆续续开了。开得最好时，外面下着鹅毛大雪，就是后来常被提及的2008年年初的那场大雪。几个月后，花谢了，我们搬到了新家里。我开始种花，但不得其法，播下去很多种子，开出来寥寥的花朵。那年的冬天，这盆蟹爪兰没有开花或开了少量的几朵。我已经记不清了。那时候我的生活过得如此黯淡，哪会在意一盆花有没有开？

后来，我积极起来。我开始工作，过上了正常人的生活，忘掉了负心而去的前男友，试着自我治愈。我看看被我扔在阳台角落里的蟹爪兰，觉得有些亏待它。我查了一些资料，看了很多帖子，按图索骥给花修剪老枝、翻盆、换土、施底肥。秋天追着阳光晒，终于冒出了一颗颗豆丁样的小花苞。到了冬天，次

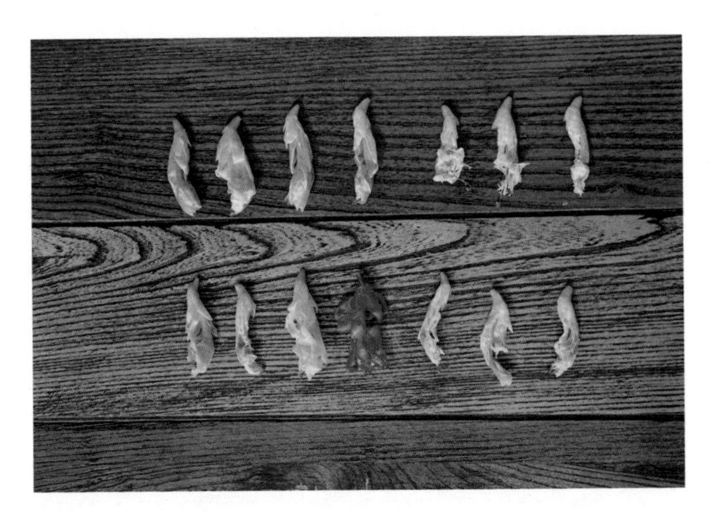

第绽放。

就这样过了几年，我去了北京。每年冬天回来时，我妈都已经把它端到我的窗台上了，花不多，但年年在开着。其他日子里，它被放在最无人在意的角落，落雨吸点水，天干就瘪掉，但是不死。

又过了两年，我和先生搬家到了苏州。爸爸给我们送行李来时，我让他把那盆蟹爪兰也带过来，用沾了水的海绵一点点擦掉叶片上的灰尘，修剪一番，希望它能和我一起在苏州安定下来。之后的春天，我试过重新扦插，没有成功。

今年已是我在苏州第三次看它开花。像等待老朋友来那样等待它开花。像见到老朋友那样欢喜。像知道老朋友一定会如期而至那样笃定。

时间越久，越会珍惜这盆蟹爪兰。我这几年过得不算多波折，但也谈不上安定，身边超过五年的物件更是寥寥，倒是一盆花，陪我十个年头了。

遗憾的是，在我的生命中，很多人并不如这盆花停留得久。

2007年我在博客上贴出蟹爪兰第一朵花时，有个人在底下留言，说了些傻话，我也回了些傻话。后来我跟前男友分手后，

是他陪我度过了最寒冷的那段时间。那是灰色生活里唯一的慰藉。我们相隔万里却能彼此温暖。然而我们并没有在一起。

最后的最后，我在他的主页上留下这么一段话：

当我窗台上的蟹爪兰已开第三季，当我听到Last Christmas时不知如何自已，当我看到你的留言板上只有我一个人在自语，我的词汇库中找不到一个词语可以描述我此时的心情。那么，就俗气地从众吧，说一句：圣诞快乐！

如果没有以后，顺祝新年快乐、春节快乐、情人节快乐、生日快乐。

还有，我并不快乐。

与他有关的记忆，始于冬天，终于冬天。和蟹爪兰的花期正好同步。

现在，蟹爪兰开时我还偶尔会想起他。就只是想起。

看花时，总不免想到一句话：年年岁岁花相似，岁岁年年人不同。

然而花也并不是年年相似。最明显的感受是，这盆蟹爪兰在渐渐变老。底下的枝干已木质化，黝黑苍劲。一些枝条不再有活力了。叶片上有些伤口，又愈合了，就像我的心。

爸爸把这盆花送来的那天，我们一起去吃饭，饭后在金鸡湖边走。过马路时，他走得有些蹒跚，绿灯闪烁着催他快走，但他已经走不快了。那一刻，我突然明白他已经开始变老了。我有些难过，去挽着他的胳膊，以比平时慢很多的速度跟他一起走，就像那年买了蟹爪兰回来时那样随意聊着。就像幼年时走在田埂上，我追随着他。只是这一次，尽管是我放慢了脚步，我依然追不上他衰老的步伐。

露薇花

露薇花

养露薇花的心路历程和蓝花丹非常相似：看图片一见钟情，几年求而不得，最后终于如愿。

在买不到种子也买不到苗的日子里，我去国外网站翻阅资料。露薇花原产于美国西海岸，叶肉质，莲座型，花很像仙人掌类的花朵，是近年来园艺界的新宠，非常适合种在岩石园里。

起初看到的资料是，种子播种到首次开花需要四年时间，这太长了。后来又看到有高手从播种到开花用了8个月，可能是品种的关系吧，于是我信心大增，买来5颗种子（耗资15元）播种，小心翼翼地消毒播种，等待一两个月，确定它是不能发芽了。

伤心之余买了一棵小苗。待我买时，露薇花小苗已经不少见了，价格也只有20元左右一棵了。早两年的时候，它的价格在三五十元，一上架几乎瞬间就卖光了，根本买不到。又过了一两年的春天，有朋友在花市买到的价格已跌至10元一盆了。很

多花都是这样：起初没有引进，想买也买不到，刚刚引进时，价格很高，花友趋之若鹜，最后价格回归平常，成了花市上随处都能买到的花。起初我想养这种花，确实有一个原因是养的人少。得到之后，我还是想再养，因为它确实美。

以我的种植经验看，江浙沪养露薇花，最好是在秋冬时购入，这样它可以开一整冬天和春天，如果碰上不太炎热的夏季，可能状态还好，到秋天就继续生长、开花。如果夏季太热，可能就得黑腐病仙去了。

开花时，它是真的很勤劳。我收到小苗时已有一些花苞，修去残枝败叶，缓苗几日，它在12月10日左右开到了鼎盛。又歇

了一阵子，开始萌发新一拨花芽。除夕时开了很多，年后回到家中，发现所有的花枝上全开满了花。开春之后，又开过三次花，每一次都是毫无保留地花开满枝头，我很担心它小小身子经受不住，开完花就死掉。然而它没有。过夏天时，植株基本不长，叶子也卷卷的，容易长锈斑，根也容易腐烂，总之就是，它并不喜欢江南的酷夏。如果这时候，它熬不住死去，你也不要伤心，毕竟已经遇见过它最美的年华了。

彩虹花

彩虹花

种彩虹花（学名：Dorotheanthus bellidiformis）是件很偶然的事情，就是随随便便挑几样种子，种上，看哪些发芽了就好好栽培，没发芽的就算了。在商家的售卖说明里，它有十分含混的名字：彩虹菊、彩虹雏菊。然而它并非菊科，而是属于番杏科彩虹花属。

我是秋天的时候直接把它撒在一个浅盆里的，发芽率不错。起初，小苗长得缓慢而柔弱，全匍匐在盆土上，我一度对它不抱什么希望。忽然有天发现已经长出很多分枝，几乎铺满了整个花盆。它的叶子十分奇特，看上去脆嫩得可以掐出水来，叶子的两面都布满了气泡，看起来入口即化。像极了一种进口的做沙拉吃的“冰草”。而事实上，冰草即冰叶彩虹花，是同科的亲戚。

后来，就冒出小小的花苞了，萼片上也都是气泡。花苞出现一周左右，开始开花。花是在正午开始慢慢打开的，到下午两点

左右完全绽放。阳光下，细长的花瓣上闪着金属般的光泽。后来的几天，我观察到它只在有阳光的正午开花，阴天花不开。

由于是混色的种子，花色很丰富，奶白、金黄、橙色、鲑肉色、浅粉红、深玫红……在商品图上，所有的花开成一片。我种的没有达到这种效果，我常常怀疑是我技术太差或者是我家阳台条件不佳，我的花总是开不成大花球的效果。然而我又未必真的喜欢大花球，4月份去植物园的时候碰上花展，满眼都是开成球的花，每一个球都像是流水线上出来的，这些花的存在意义就是为了告诉你什么叫花团锦簇，告诉你此处可以自拍发朋友圈，没有别的意思。

Winter

而自己种的花不一样，你知道它的成长艰辛，看过它彼时的粗陋姿态，也知道自己与它相处中的遗憾，所以你珍惜它并欣赏每一朵花。

不论是小时候还是现在，我都非常喜欢看花朵绽放。把几小时、一天，甚至更长的时间压缩在几秒中去观看，植物仿佛具有了动物的情态，开花如同伸懒腰那么迅速。但是在现实世界中，花开是个缓慢的过程，很少有人会时时刻刻盯着一个花苞直到它完全绽放。你总是会走开，去做其他的事情，当你再次想起这个花苞，发现它已经悄悄绽放，你察觉不到开花的过程，因为它太慢，而你总是在赶。

彩虹花从花苞到完全开放时间很短，所以我常常在那两个小时的花开时间里坐在那儿什么事情都不做，只看花。

那时我还不会拍延时摄影，所以没有拍下来，以后如果我再种，一定会用相机记录下它的整个开花过程。

仙客来

仙客来

以前我不是很喜欢仙客来，我妈妈常买，每逢什么节都要买两盆，花实在是太多了，天天开，像塑料的，叶子也像塑料的。仙客来浑身都是商品化生产的特征，我对它实在是喜欢不起来。

我对仙客来的态度有所改观原因是出现了很多可爱的迷你品种。花很小，叶子也很小，在我的审美里，单瓣花比重瓣花好看，小花比大花好看，素淡颜色比浓烈颜色好看。所以，我忽然间就喜欢上了迷你仙客来。

一个冬日，我在苏州的皮市街花鸟市场看到了盆栽的迷你仙客来，5元一盆，乐颠颠买了一盆，穿过半个城带回家。真是很小很小的一盆呀，可以托在手掌心里细细看。回到家，我把它从原来的盆里拿出来，添了一点土，换了一个好看的盆，然后浇透水，放在阳台上阳光明媚处。

Winter

然而第二天，我发现那盆可爱的迷你仙客来已经奄奄一息了，所有的叶子和花都发黑，垂在盆沿。我有点蒙，不知道怎么回事，心想：是不是卖花的人故意卖给我一盆将死的，所以才这么便宜？

我在种花论坛上翻阅相关的帖子，发现好像是我自己弄错了。

买回来的仙客来，由于生长环境发生变化，需要一段适应的过程，所以不适合马上换盆。

仙客来需水，但又怕涝，所以最好是在托盘里注水，让根部利用毛细现象吸水。

为了防止烂根，可以把表层的土扒掉一些，让它的块根裸露出小半个。

仙客来不喜阳光直射，放在有明亮的散射光处即可。晒太多容易叶子萎软。

我对照一下自己做的，每一条都错了。

我对着这盆花，决定挽救一下。我把它的叶子和花全部剪掉，将露出的块根也切掉一部分，露出来的切口是健康的象牙色。等盆土稍干，才在托盘里加点水。这样伺候了一两个月，它终于贴着块根周围发出了一圈新叶。叶子越长越多，不过始终没有再次开花，后来死于夏天的酷热。但是它能起死回生，我已经很满足了，至少我在摸索的过程中找到了一条对的路。后来我再养仙客来，就没有发生得软腐病一夜死去的惨剧。

仙客来喜欢冷凉气候，不耐酷暑。所以最好就是在秋天购买带花苞的植株，看花，花后及时修剪，追肥，等它再次开花。到春末等待植株自然枯萎，断水过夏天，秋凉后浇水，也许能再次发芽，毕竟它是多年生的。

仙客来的花色很多，除了常见的红色、紫红色、粉红色等，还有带皱边的、带香味的、银色叶子等观叶品种。近年来，又出现了“原生种仙客来”，卖得非常贵。有时候我不是很懂人类的这些活动，比如说先培育出了很多花大、花瓣多的园艺品种，然后又再折腾回去，追求“原生”。捷克作家恰佩克的小说《霍布杜》里，主角回到家乡，看到熟悉的林子、熟悉的景色，“遍地的仙客来，如一簇簇闪耀的火焰”。这才是自然和原生。原生，不仅是花与叶的颜色形状，更是它在自己的生长环境中所呈现出的风姿，还是它与环境中的人相处的几千年中在人的心中留下的印记。

仙客来是可以通过人工授粉结种子的。我一般用很细的水彩毛笔，把这朵花的花粉涂到另一朵花的柱头上。它的果实球形略扁，有棱，像小灯笼。果实成熟需要很长时间，我采收得太早，浪费了。

未来，我还是想再尝试自己播种，从一颗种子养成一盆花，这种感觉真是太棒了，让人一遍遍地想去尝试。

水仙

买一盆水仙才像过年

我有时候会不经意地发现，一个人的童年正在悄悄地影响着他成年后的生活，比如说，过年前要买一盆水仙。

小时候，我妈妈每到冬天都会去买水仙，有时候会碰上小贩挑着担子放在村里的菜场卖，有时候小贩没来，她就骑车去花鸟市场买，她总是对水仙花很上心。买回来后第一件事便是洗干净球根上的泥土，把球放在浅浅的敞口盆里，盆通常是白瓷的，带青花图案，打碎了就换一个，买球的时候也可以顺便买。有几年用的是紫砂盆，我们宜兴的特产。也有过青瓷盆，我特别喜欢那种淡淡的绿色，有玉的质感。也曾买过塑料盆，用过一年即弃之。球根与盆的间隙，用光滑圆润的鹅卵石填充，这样等叶子长出来后便不会东倒西歪。妈妈也曾在我的央求之下买一袋玻璃球来固定球根。那些带着各种花纹的玻璃球是我的至宝，可惜最后都不知所终了。最近三年，我一共捡到4颗玻璃球，我把它们当成是我童年时遗失的那些，其他的玻璃球，都在等待与我重逢。

妈妈每天把水仙盆端到阳光充足的屋外，到晚上再端回家，查看水位，添水或者洗根换水。水是特意接的雨水，外婆曾告诉我，这个叫“天落水”，浇花最好。有些年份，下很多雪，妈妈会从院子铲一些雪，装在桶里，等融化后用来养水仙花。

从放入盆中水养，到开花，大约经过40天，恰逢春节。水仙花香气浓郁，那时候房子比较大，香气幽幽地飘荡在各个角落，闻到时总是心生愉悦。

那时候，觉得水仙花真是仙气十足，不惹尘埃。可是殊不知，这种不惹尘埃是用性命换来的。年过了，鞭炮放完了，新衣服上已经有油污了。花谢了，叶子又黄又长，甚至从中间折断，耷拉着，毫无美感。一切紧绷绷的东西都松弛下来，便可以不带怜惜地把开败的水仙花随鞭炮纸、苹果皮、剩饭菜、零食包装袋一起扔到垃圾桶了。

妈妈曾试着把花谢后的水仙花种在院子里，后来烂掉了。我在舅舅的养花书上看到，水仙花想要复花需要种下，并在端午前后把它挖出来，在重阳前后再次种下，如此三年，方可再次开花。我后来明白，挖出来主要是怕梅雨季节水太多烂根。水仙花，虽然也叫漳州水仙或中国水仙，其实原产地并不是中国，而是在地中海地区。只要尽量提供与地中海气候相近的小环境，要复花也并没有这么难。

我家附近有个公园，公园里有一片地栽的水仙花。我观察它们已经有四个年头了。每年都能开。2015年的冬天特别冷，因此2016年的春天花开得特别少。

这些水仙花种在一片朝南的斜坡上，光照充足，没有大树的遮挡，因为是斜坡，所以基本没有积水。花开过后，任凭叶子自然枯萎，没有人去把种球挖起来保存。浇水都是靠天落雨。所以其实水仙花也可以地栽且年年开花呀。

我买花的时候看到有一种“崇明水仙”，可能会比漳州水仙更适合江浙沪气候吧，推荐给想要地栽水仙花的朋友试试。

地栽的水仙花不像水培的那么密实，但是胜在有灵气。用水养在盆里的水仙，尤其是大球，花开得真是多，太多了，多得叫人惆怅。那香气，在狭小的、有暖气的屋子，经久不散，一时间会让我困惑：这年味好像比以前浓了诶？

关于月季的美，需要一个花园才能表达……

郁金香

春天的球根

我最早种的球根植物是风信子。大一的下学期刚开学时，我去超市里买生活用品，看到绿植柜台有风信子，便买了一盆带回宿舍里。那是我第一次见到风信子，之前只在图片上看过，也曾在西方小说里看到过对它的描述。高中时，一个和我一样喜欢写点东西的同学曾跟我说，特别喜欢风信子这个名字。起初我并不太喜欢风信子的香味，太浓烈，太张扬。后来渐渐习惯了，竟然很喜欢上完课回到宿舍里开门瞬间的那一阵扑鼻的浓香。

那棵风信子我养了三个春天，写过很多文字赞美它，这些文字现在看看我会脸红，我已经不会再用华而不实的辞藻来赋予植物那些本不存在的意义了。

后来的几年，每年早春我都从花鸟市场或者超市买回一棵风信子，等待它开出花来，仿佛是一种仪式。

家乡小城可以买到的植物品种较少，风信子是最容易买到的球根植物之一。

蓝壶花属的葡萄风信子，最早我是在一个朋友拍的阿尔卑斯山麓照片上看到的，那是一片早春的草地，蓝紫色的葡萄风信子和黄色的蒲公英开了一地，非常美。后来我自己种了，没想到它是那么小，小小的一串，每一片花瓣都像一颗小珠子，还镶着波浪形白边，也挺可爱，闻起来有一种薄荷油的味道。但是自己在花盆里种的，总不及草地上野生的灵动。于是心里总有个愿望，有一天一定要亲眼看看阿尔卑斯山脚下野生的葡萄风信子。

后来我在我家附近的公园里发现有几处斜坡的草坪里冒出一片一片花来看起来像野生的葡萄风信子。它们散落在草里，旁边伴有风轮菜和紫花地丁，也别有一番情致。之后我每年花期都去那边观察，发现年年生长，看来确实是很适应本地气候。

早春开花的球根还有番红花。我种过两个品种，“匹克威克”的花瓣内层三片是白底带紫色条纹，外层三片是浅紫色底带深紫色条纹，外面有一层白圈，特别精致。“金色芬芳”全花金色，特别灿烂。两种花开在一起挺好看的。

ban

此番红花为观赏品种，与入药做藏红花的品种不一样，没有那三根长长的花药。藏红花我也买过，它的花期大约在11月份，可是那个时间苏州正值连绵的冬雨，花朵没有绽放就凋萎了，特别可惜。种了10个球只看到一朵花，花有香气，非常好闻。

欧洲银莲花有两个特点：一个是美，一个是容易烂根。有一年我种了6个球，最后开了一盆花。最初，它只长叶子，叶子是深裂的，不好看，别人都以为我种了盆香菜。2月14日，它根部的土被拱起来，于是出现了第一个花苞。这个花苞长得极慢，直到3月2日还只是开了一半，3月5日终于在明媚的阳光下完全绽放。

幸存下来的银莲花是白色的。初开时，花瓣带一点黄绿色，逐渐变得纯白。花朵刚开的前几天对光照要求强，没有光线就不开，后期就不那么严苛了。花朵刚开时，球状柱头突起，雄蕊缩在底部，随着时间的推移，雄蕊渐渐长长，高过柱头，释放出花粉。这么安排是为了让柱头先接受其他花朵的花粉。第一朵花开时，没有其他花朵给它授粉，于是它自花授粉，雄蕊把柱头紧紧包起来，过了几天结了个磕碜的果实。仔细看它的果实，一片片瘦果排列紧密，组成一个头上尖尖的球。果实逐渐成熟，一片片瘦果脱落下来，四散到周围。

这两个块根长成的一盆花，大概开了10朵花，结了两个果实，散落下无数种子，有种子在花盆里自播发芽了，后来我小心翼翼试着播种的一颗没有发芽。

后来的两年，我买了其他颜色的欧洲银莲花来种，却一再不得其法，烂根烂成一摊融化的太妃糖样，仿佛渔人再也没有寻到桃花源的入口。

洋水仙开花稍晚，大约在3月底、4月上旬。它和常见的水培的漳州水仙（中国水仙）不一样，洋水仙基本是一个花葶只开一朵花。花朵硕大，略有淡香。

大部分洋水仙品种我都没有太大的感觉，最喜欢的一个品种叫“悄悄话”，花朵是纯黄色的，很小，开花很早，花期较长，花量很多，有微微淡香。

郁金香的生长基本和洋水仙同步。我本不是很喜欢它，但我基本上每年都会买，大部分都给了我妈。我妈妈特别喜欢郁金香。

来苏州的第一年，我买了一大袋给她，自己留下三个，第二年春天看花时，那三朵被我嫌弃的郁金香成了阳台上最显眼的花。这也是我自己第一次种郁金香。在此之前，因为看了几次公园里大阅兵式的郁金香花展，对这种一朵朵笔挺的、毫无摇曳之态的花没有了好感。可眼前的是自己种的，它只有三朵，正被阳光照耀着，心里像裹着一团火，凑近了能闻到不俗的香气。我这才发现，以往我从没想过去嗅一嗅郁金香的香气，也没有看过在一天中不同时间花的不同状态，它在阳光充足的午后，花瓣几乎全摊开了，像一朵硕大的莲花。到了傍晚，花瓣又合上，成了我们常见到的商品宣传照模样。

我想起妈妈第一次买郁金香的那次。那时我们住在出租屋里，屋梁上常有老鼠爬过，落下一些有年头的灰尘。快过年了，妈妈时常抱怨厂里不放假没时间去办年货。腊月二十八那天，她终于放假了，一早去城里买年货，却冒着细雪拿回来一盆花：三棵亭亭玉立的郁金香，高低不一，一朵已经开了，一朵含苞待放，还有一朵只有一个紧实的花苞。她乐呵呵地说，这盆花要30块钱，好看不好看？那时候她上一天班工资不过50块，这盆花的价格在我看来真的很贵了。可是她真的很喜欢这花，它也确实很美，在我们住的那个破旧房屋里，它仿佛是生活唯一的亮点。

报春花

报春花

我是个播种爱好者，但有一些花，我还是会选择买苗。报春花属就是一例。

我试过自己播种报春花，而且不自量力地选择了据说难度很大的耳状报春花。五颗种子发芽两颗，小心翼翼伺候着，苗怎么都不见长，最后无缘无故地就没有了。后来我知道，报春花的种子寿命很短，所以最好在采收后马上种下。

于是我愤而下单，买了好几盆开花苗，它们是报春花属的三种：报春花、鄂报春和欧报春。

报春花拿到手上，我吓了一跳，以为商家疏忽给我发了一盆带白粉病的苗。细看，叶子、茎、花苞上密密麻麻全是白色粉末状物质，后来我才知道，这是报春花的特点之一。花有粉粉的香味，花开得多时，香气浓郁。另外两种——鄂报春和欧报春，没有香味。

鄂报春的正名，我是查了一阵子才找到的，因为商家管它叫樱草、四季樱草等。

我在观察它们的时候，突然记起几年前，曾在大理遇到过一株小小的野生报春花，我把照片翻出来一看，发现还真的是同一种。但是有点不敢认，野花只有一小朵，含蓄羞怯。盆栽的却是大花球，一轮开完花葶往上长，再开一轮，又开一轮，不知疲倦地奉献花朵。

我曾在云南看过几种野生报春，它们是林下、草甸、河谷上的精灵。

报春花产自中国西南，生长于潮湿旷地、沟边和林缘，海拔1800—3000米。缅甸北部亦有分布。约于19世纪末引种入欧洲，现已广泛栽培于世界各地，并有许多园艺品种。

鄂报春现在世界各地广泛栽培，为常见的盆栽花卉。在栽培条件下，开花期很长，故又名四季报春。（以上两段引自《中国植物志》）

欧报春产自欧洲。有很多的花色，它与另外两种不同的是，

它的植株非常矮小，一枝花葶上只有一朵花。

这三种报春现在都十分容易买到开花植株，商品化程度很高，每一盆都长得很好，这得益于花卉育种技术的提高，让我们不用很费力就可以在自家阳台上养上一盆来自高原的植物，而不用体验高原反应。对于高原反应，我是有切身体会的，海拔超过3500米，我就开始上吐下泻、没有食欲、浑身无力，只能躺着。所以我虽然每年都惦记着去云贵看野生的报春花，但是一直不敢行动。

我希望未来会有更多的产自中国本土的植物成为栽培品种，让我这种不想出门的人可以在家里遥想高原。

蛾蝶花

蛾蝶花

蛾蝶花（Schizanthus pinnatus Ruiz et Pav.）茄科，蛾蝶花属，原产智利。这种花我多年前见到图片，连科属都分不清，隐隐觉得像茄科植物，但实在是毫无头绪。又过了几年，我认识了一些认植物的高手，成天跟在人家帖子后面问东问西。是阿黛告诉我“蛾蝶花”这个名字，而我一直没见过实物。又一年秋天，朋友给我寄来一些种子，其中就有蛾蝶花。于是我在9月23日播种。指南上说不需要覆土，我当时懒得贴标签，为了好区分，就在上面覆了层蛭石，事实证明，这样长出来的很好。到9月27日就都发芽了，出苗很整齐。

那时候，我身怀六甲开始行动不便，任它们在育苗盆里长啊长，到实在不能拖了，差家属把小苗定植了。查照片记录，那天是11月13日。苗高不足10厘米。一个边长为21.5厘米的方形花盆里种了16棵显得很宽松。土是国际惯例三合土（泥炭+蛭石+珍珠岩）。放在光照充足处，干了给水，没有其他特殊照料。

冬天植株生长缓慢。春姑娘来了之后，朝它吹口仙气，它突然就长大了，开花了。

3月初开始开花，一直开到5月份。那时候，家里天天都有切花。它的花色丰富，开花量大，单朵花的开花时间很长，十分适合当切花水养，在花瓶里开的时间比在花盆里还久（因为没有日光直射）。

它在苗期不需要打顶，如果光照充足，自然能长成直立的塔状，把开花的主茎剪下来后，侧芽也能开花，但会瘦弱很多。

某一天，我把剩下的枝条全剪了，家里的花瓶全插满了。阳台上忽然间亮堂了很多。

蓝花丹

蓝花丹

蓝花丹这个名字，很多花友比较陌生，如果我说蓝雪花，估计没有多少养花人对这个名字陌生，就算没有种过，也在很多地方看过它的美图。其实，蓝雪花另有其物，是西南地区的野花。两者都是白花丹科。

我开始认植物的时候，看到蓝花丹的照片，便对它一见倾心。淡蓝色的花瓣中有一条深深的折痕，5个花瓣辐射对称，就跟小时候画花朵时常画的一个样儿，十分精致。那时候买花只能去本地花市，根本无法买到。后来网购渐渐风行起来，我才买到蓝花丹的种子来种。

种子发芽率不低，发芽也不难，我在4月初播种，到7月底就开花了。从小苗长出花苞开始，我就每天盯着它看，花葶渐渐长长，带着细软的小毛刺，看起来像一根很厉害的狼牙棒。两三天后，第一朵花开了，是非常淡的蓝色，像雨后最远的天际。花起初是一朵一朵开的，颜色越开越深，最后就是一波接一波的大花团，不知疲倦地开了整个8月、9月、10月，最后一批花在11月上旬落尽，才算是歇下了。

整个花期，我每天都要扫掉落花，它的落花带着花萼，萼筒上的毛刺黏黏的，会挂在其他植物的叶子上，也会粘在猫身上。整个花枝开到末期，把它们剪下来，很快就能长出新枝。我试着把修剪下来的枝条插在潮湿的纯蛭石里面，没多久就生根发芽了。到秋天，我就得到了好几棵蓝花丹小苗。幸福总是喜欢扎堆，要么没有，要么太多。我还得到处问人：请问你想要一棵漂亮的蓝花丹小苗吗？好在蓝花丹这种人见人爱的植物，找到养父母还是容易的。

蓝花丹非常好养活，浇水施肥，就能保持花开不断。它病虫害较少，然而我的那盆在第二年春天得了白粉病，那一年的白粉病很严重，我们小区花坛里的月季花、十大功劳等都长满了白粉，非常之惨。尽管如此，它还是身残志坚坚持开花好几个月，真是令人感动。

蓝花丹有蔓性，长得又飞快，株型不好控制，我总是在修剪，不想让它占去太多的空间。我见过一家店铺门口用大花箱种植，搭着一个架子给它稍加牵引，它就长出一个拱门形

Spring

状，花开时真是美极了。我还见过有人把白花丹和蓝花丹种植在一起，蓝色和白色的花球相互交织，也非常好看。它的亲戚还有大红色的，点缀在白花中间十分抢眼，喜欢红色的花友十分爱之。

月季花

月季花

刚到苏州时，我就从超市里买回一盆开红色小花的微型月季。因为月季实在是太美了，我总是忘记它并不是很适合阳台种植这一血泪教训。

关于月季的美，需要一个花园才能表达。而我只有一个阳台，我只能用一个大号花盆和阳台上光线最好的地方表达对它的爱意。

这盆微月也确实很好，开花不断。

有了这次的成功经验，我，一个心思活络的妇女，摩拳擦掌，想要进军阳台养月季党，兴冲冲买来三款据说抗性很好的月季苗。可是，才种下三天，月季苗就得白粉病了。怎么办？戴上口罩和橡胶手套喷药，喷完洗澡。隔两天再喷，喷过三次，好像好了。可是太阳不露脸，红蜘蛛又来了。好不容易把红蜘蛛控制住，白粉病再次来袭。药罐子之名果然不虚。在通风不太

理想、没有全日照、还时不时连续两周阴雨天的地方，养棵月季太难了。爸爸种在小花坛里的月季，除了修剪和施肥，基本就不需要什么管理，打药这种事情就不存在，白粉病和红蜘蛛也从没见过。看来，什么适合阳台种植都是说说而已，还是得地栽！那些忍痛放弃的美丽品种，一个个都是我要有个花园的理由。

那盆红色的微型月季，每次花后都被我剪掉很多，可还是在不断长大，为了让它安心长在一个7号盆里，于是我放手重剪，竟然把它剪死了。后来我才在养花论坛看到，不是所有月季都适合重剪，微月类只能轻度修枝。

后来，我又买了一盆微月，阳台族也就能通过养微月过过瘾。这次买的是粉红色的，花量很多，一枝多头，一起开放时一盆花也很热闹。

月季在含苞待放至半开状态最美，就是所谓的“颜值巅峰”，花友总结这时把它剪下来最好。不要不舍得，剪下来插在花瓶里，放在屋子里细细欣赏，好过它在阳光下“摊大饼”。摊大饼的意思是花开得太过，完全摊开，那样花型就不美了。有时我想，种月季大概就是为了家里的花瓶不寂寞吧。

这种粉红色的月季跟小时候院子里种的颜色一样。有一次，我堂妹说这种即将绽放的花苞像奶油蛋糕上的花。我爸爸直夸她说得十分贴切形象，一夸就是好多年，每次对着这个状态的花都要说上一遍。我爸爸从来不夸我，对堂妹毫不保留地赞美。长大后，我成了一不留神就全篇比喻句的人。不过我也渐渐理解了我爸爸，他习惯看到别人的优点加以赞赏，却从不夸自己，而我，被他当成了属于“自己”的一部分。

长春花

长春花其实是长夏花

在江南种花的第四个夏天，我已经感到疲乏和厌倦。持续的高温让所有的植物都像焯过水般垂软，什么都阻挡不了收空花盆的趋势。正所谓：春种一颗子，夏收一个盆。

长春花可以称得上是对“包邮区”之夏最友好的花了。在漫长而炎热的夏天，它开得依然像在春天。

长春花品种除了常见的紫红色，还有植株直立的“太平洋系列”和垂吊型的“地中海系列”，这两种都有较丰富的花色。近年来，国外已培育出十分华丽的皱边品种，可惜不容易买到。我一般是在春天（春分至清明间）播种，播种前用湿纸巾包裹催芽，发芽率很高，一俟种子露白，即可种下。可以直接种到大花盆里，不需要移植多次，管理十分粗放，旱涝保收，怎么折腾都能开花。

长春花属于夹竹桃科。很多人听到夹竹桃科就把它们与有毒联

系起来。而且，很多人把致敏当作有毒。其实过敏因人而异，而且致敏物质主要在根茎叶的汁液中，不去把它折断，就不会对人体产生什么危害。遇到好心人跟我说“你家里有小孩、有猫，你怎么还养那么多花啊？”，我一般置之不理。

夹竹桃科有些属的花有一个很有意思的特征：还是花苞时花瓣旋卷，像一把收得好好的伞。花开后，花瓣也呈旋转状。起初我是观察络石的花发现的，络石也叫卐字茉莉、风车茉莉，可见起名的人也注意到这个特点了，后来留意了夹竹桃、蔓长春花、鸡蛋花、狗牙花等，都有这个现象，在花苞或者半开时最为明显。发现这个并没有什么用，但是观察—发现—求证的过程是愉悦的，这大概就是求知的快乐。现在我们可以很方便地打开手机搜索，获取知识，这些知识十分精练，就像精加工的食品，可以方便快捷地“食用”。但是它是二手的，有时你只是“知道”，却不能消化它，因为它不是你自己观察得来的。就像我们听歌词，仿佛明白，过了几年，真正经历过了，才真的明白。

长春花的花朵也是带着旋，我特别喜欢看它将开未开时的样子，让我想起自己小时候穿上美美的连衣裙时总想原地转圈，把裙摆甩出一个圈。

Spring

孩子还在肚子里时候，我因为先兆早产不能出门看花，常在阳台上看花。有一天，一阵秋风吹来，我忽然发现长春花的叶子也发黄了，在秋日暖暖的阳光下，展现它最后的绚烂色彩。那一刻我忽然很感动：秋天专门来看我了，我没有被季节遗忘，因为我有这么一个小小的阳台。

有人说，在江南一带，秋天把长春花修剪一下，只留主干，冬天注意保温和控水，来年会发芽。我妈妈用最常见的玫红色长春花试过，确实可以。

观察下来，地中海系几乎不会结果荚，一朵花开三天，第四天花朵还未变色时就随风飘落下来。而太平洋系的很会结果荚，结果荚前，花朵在枝头发蔫凋萎，但不落，护着果荚，直到果荚膨大至长约2厘米时，干掉的花朵才掉落。果实渐渐发黄，我每天早晨第一件事就是去查看，趁它刚刚裂开，把它采下来，继续晾干，让黑色的种子自己掉出来。

收获了种子之后，总是喜悦掺着忧愁，不舍得将它们丢弃，又无法全部播种。有时我会寄给花友，一边把种子装进信封，一边想：这世界上有那么多没有实现的梦想啊，也有那么多不能发芽的种子，真是让人伤心呀。

花不分贵贱，应不带功利心地去欣赏，美在每一朵微小的花上。

艳斑苣苔

苦夏之花

与江南的酷夏以及自家阳台光照不足的小环境磨合了两年后，我终于确定最适合我种植的度夏植物是苦苣苔科的一些植物。苦苣苔科植物基本都是矮小的草本，需光性不强，简直是阳台族的福音。

花猫，也就是艳斑苣苔是第一个开的。它的花瓣上有非常艳丽的斑点，故名。花猫的单朵花期十分长，开到最后我都把它当背景了。

花猫是靠鳞茎繁殖。鳞茎长得像条毛毛虫，花友形象地称之为“肉虫”。花期后可以把植株剪掉，它会从底部萌发新芽。

堇兰是最近两年开始流行起来的，因为小苗非常贵，我买了种子播种，播种是秋天，花开是第二年春夏的事情了。堇兰的苗期非常长，一不小心就挂掉了。花友墨墨说，盖着盖子闷养长得快。我播种了近50颗种子，拉扯大的约10棵，开花的4棵。花十分美丽，有很多华丽品种我没种，十分觊觎。

堇兰比较怕热，有天下午阳台上35度的热风一吹，叶子马上像焯过开水一样。我赶紧把它们挪到空调房里。但是，人算不如天算，之后孩子生病住院，正赶上两周近40度的高温天，回来它们已经死得透透的了。

堇兰的花色很丰富，单朵花开的时间也很长，除了怕热，剩下的缺点就是叶子太大占地方。

迷你岩桐也是去年秋播的，因为我的疏懒，它们到开花都还委屈在育苗盒里，也开得热热闹闹的。

大岩桐是我家阳台上元老级的苦科。那是2014年春天播的种子，到了冬天，会收获一个土豆一样的球，春天再种上，土豆球越大，开花越多。到今年，每一个都能开成花球。大岩桐的花期很长，花一拨接一拨开，非常好，我打算今年多播种一些花色的。

流苏岩桐，别名素娥花、大天鹅、白天鹅，是垂吊型的，花朵边缘有十分华丽的流苏边。我是用一个无根侧芽插活成一盆的，垂吊下来的芽也可以剪下来扦插。

海豚花是买花的时候店家送的两根枝条繁殖的。

在这里说一下海豚花以及其他一些苦苣苔科植物的扦插方法。大岩桐、非洲堇、堇兰（海角樱草）这类叶片较大的植物，可以直接用一片叶子扦插，用锋利的刀片快速地斜切下一片叶子，晾干伤口即可扦插。海豚花、长筒花、喜荫草等，可以用健壮枝条扦插。扦插的枝条上一般保留两个节点，一个也行。苦苣苔科植物扦插用的介质可以是纯水苔，也可以是纯珍珠岩，甚至可以直接插在水中。扦插后最重要的是保湿，我用另一个草莓碗盖在上面，看起来像个小星球。直接插在水中可以借助一块泡沫板的浮力，让只有少于1厘米的茎浸泡在水中，待根须长出来之后，直接把泡沫板掰开，不伤根系即可上盆。

气温低的时候，生根很慢，但也不容易腐烂。高温高湿更容易腐烂。

生根之后，我就把它们转到一个口径约17厘米的吊盆中定植。当时正值冬天，可以多一点光照。

开春之后长得就快了，打了一两次顶，之后就把吊盆挂起来任其生长了。

5月份开出花来，但是状态一直不理想，不能成大花球。之后的那个夏天特别热，我又有两周时间没在家里，花开没开都不知道。

天转凉后，花渐渐多了起来。

我真正每天关注它是在冬天，由于家里开了地暖，温度恒定在18度上下，十分有利于它的生长，花开不断。

每天早上我去阳台上第一件事情就是把落花扫掉。摇下吊盆，把喷壶里打上气，两岁的女儿常常帮我喷水。有了她的帮忙，这盆海豚花长势非常好。

没有剪下的花梗有时会结出种荚，我没看到过种子，但是种荚开裂后的样子十分有意思。长长的两片旋转着裂开并且缠绕在一起，难怪它是扭果苣苔属的。陪孩子看动物百科时，得知独角鲸的“角”其实是两颗扭在一起的牙，不得不感叹造化神奇，独角鲸的牙和海豚花的种荚竟然这么像！

红葱

红葱的刹那芳华

因为对鸢尾科有一种偏爱，又不能经常去山野寻花，便在家里种了几样。

红葱属的红葱（Eleutherine plicata）也叫小红蒜，我第一次看到图片以为是栀子花的亲戚，怎么看都不像鸢尾科的。今年买了鳞茎来种。鳞茎是紫红色的，大概就是名字的由来吧。

我是在5月25日种下去的，发芽很快，叶子是长条形的，有四五道规则的褶皱。6月10日发现花茎长出来了。花茎越长大，就越能看出鸢尾科的样子。跟香雪兰和观音兰都很像。

到6月23日白天，发现花苞已经很大了。第二天早上一醒来就满怀期待地去阳台上看花开了没有，傻眼了，已经开败了！所以我当时就怀疑它是不是夜里开的。

到24日傍晚，我去阳台上发现花正开着！而花瓣的最外沿微微

向内卷。

25日和26日，我都是傍晚出门，晚上七八点回来，去看花，已经开败了。所以我推测它是傍晚开，入夜败的。

于是就在27日这天一直守着。我从17点等到18点，一直是花苞状。之后我就去厨房做菜了。我炒了个菜后再去看，打开了一片花瓣，那时是18:06分。我又回厨房去了。到18:22分再去看，花朵已经开了，但花瓣边缘还是卷着的。也就是说，它这一朵花的开放为15—20分钟。

Summer

19:50分，还开着。到20:30分去查看，发现花已经收起来了。

我没有养过昙花。

但是我想昙花一现应该比它长一些吧。

我猜测它这样匆匆开匆匆败，是因为有某种黄昏时活动的昆虫或蝙蝠给它一对一授粉。

然而我家阳台与它的原产地西印度群岛远隔重洋，那种提供专属服务的小动物应该早迷路了吧？

風雨兰

风雨兰：开花总在风雨后

风雨兰是民间叫法，含葱兰（葱莲）和韭兰（韭莲）两种。两者可以看叶子形状区分：葱兰叶子像葱，是中空的管状；韭兰叶子像韭菜，扁扁的，并没有什么韭菜气味，倒是另一种名字带韭字的闻起来气味浓烈，近似于韭菜，那便是花韭（春星韭）。叫风雨兰是因为它们的花期与雨水有关。

韭兰是当之无愧的“风雨兰”，在夏秋的花期里，每逢下雨之后就冒出一批花苞。花苞像火柴头，都是齐齐地长出来，齐齐地开花。花后装草，等待下一次雨水的到来。整个夏秋，它们可以开四到六次花。

其实它也不一定要看天下雨才开花。盆土断水三五天，再突然浇一次透水，也很容易出花苞。还有一种近似于玄学的做法是把叶子都剪光，这样也很容易再次长出花苞来。

韭兰不怕热，我种的这一盆经历了2016年和2017年两个酷暑，

Summer

气温常常达到40度以上，都长得好好的。

韭兰的花色很多，花朵大小也有所不同，有些进口的品种非常贵，近百元一个球根。近些年来韭兰受到球根爱好者的追捧，论坛里每天都能看到各种贵贵的花开成一个个花球。我养的是比较普通的品种，颜色是鲑肉色，它们来自花友的赠送。

韭兰的球根很容易长出新球，开花后也很容易结果实，果实成熟开裂，里面一片片黑色的种子飞散出去。我数过，一个果实里有30颗以上的种子。种子的种法也简单，在水中浸泡至长出根须，种到盆土里，然后就等着它长大，我在秋天播种，第二年夏天开花，没有像传说中的那样需要长两年才见到花。

葱兰叫风雨兰其实不太准确，它不像韭兰那样逢雨开花。在苏州每年大约从立秋开始，下过两场秋雨之后，葱兰才开，花期比较集中，到白露前，花期就结束了。葱兰一大片一大片地开在香樟树底下，绿化带的边缘，细细花茎随风摇曳，纤弱又顽强。我十分喜爱葱兰，每年都把看葱兰花当成那个节气里必做的一点小事。然而很少有人会在盆里养葱兰，因为它实在太过普通。我有一位在北京的花友在花盆里种了一大盆葱兰，花开时每天赏花拍照，十分怡然。我特别赞赏他的这种态度，花不分贵贱，应不带功利心地去欣赏，美在每一朵微小的花上。

大花马齿苋

大花马齿苋

夏天的前半截，我家阳台上只有苦苣苔科在开花。到了后半截，苦科也歇下了，只剩一种：大花马齿苋。

初夏的时候，我入了7棵宿根的大花马齿苋，花是重瓣的，花色有7种。收到的时候，是奄奄一息的几根枝条，叶子都要掉光了。种上之后，我把太长的枝条掐下来，顺手插在花盆里。没几天它就开始生龙活虎地长了。

重瓣的大花马齿苋，基本是靠扦插繁殖的，因为它们大部分都不结种子，结了种子退化也很严重，都会退成单瓣的。

说大花马齿苋可能有点陌生，它有很多的别名：死不了、半枝莲、松叶牡丹、太阳花，等等。

我小时候，邻居家的屋顶上放了一盆，种在一个破了的搪瓷脸盆里，也不去管它，它靠天吃饭，年年盛开。我很羡慕它的蓬

勃之态，后来从外婆家那边采收了一些种子回来撒在花盆里，也长出一些，精心照料之下，长得却远不如邻居家的那一盆。

邻居家的那盆，是我记忆中最好看的大花马齿苋。

当然，在那个时候，它不叫这个名字，而是叫“催饭花”，因为它总是在半上午开花，正好是催人做饭的时间。我跟一个朋友聊起这个，她问为什么不是催人起床。我想劳动人民还是勤劳朴实的吧，这个时间点谁还赖床?

这个名字是我妈妈告诉我的，它的使用范围究竟多大，我不得而知。有时候我怀疑一些植物的名称是我妈妈随口编的，或者使用范围仅限于我们村子。

今年，我观察了我自己种的大花马齿苋，它们大多在上午8点半就开了。可能不同品种开花的时间不太一样，以后有机会要再看看。

单瓣的大花马齿苋蒴果到成熟的时候，上面那个半球形的盖子很容易就可以掀下来，掀开盖子可以看到里面藏着无数的细小种子。小时候的我看这个觉得很有意思，因为经常从国外动画片里看到一个厨师手托一个餐盘，上面盖着个锅盖，把菜呈到

桌上，再取下锅盖，露出一只油光闪闪的烤鸡。当我掀开一个果荚盖，总是幻想自己是在参加一场盛宴。那时的我大概还不懂，花开就是盛宴。

因为种子太细小，我经常是从某处收了些种子，用纸包着塞在什么地方，然后就没有然后了。

后来有一个夏天，我在院子里观察一种野草，它有着匍匐的枝条，开黄色的小花，让人惊讶的是，它的果实跟“催饭花”的一模一样。

后来我才知道，那种野草，其实就是它的近亲，也就是科长——马齿苋。科长是一种平易近人的野菜，焯水凉拌据说味道不错，我没有试过。

现在我知道了，大花马齿苋还有重瓣的，并且有着繁多的花色。在微距镜头下，放大版的花朵像芍药。当你放弃“便宜”“粗野”“大路货”之类的成见时，你会发现它有自己独特的美。

因为一朵花只能开一天，所以掐下来插花瓶里也不心疼。三天之后，我发现枝条上就长出了白白的根须，它的生命力真是强。

大花马齿苋常见于夏季花坛，大片地栽也是最适合它的，花盆养的株型不太美观，张牙舞爪的。

不过，张牙舞爪地开花，有什么不好的呢？

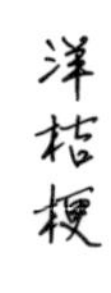
洋桔梗

洋桔梗和桔梗

一直想种桔梗。然而却是先种了洋桔梗，原因很简单：洋桔梗更容易买到种子或苗。

我是用种子播种的，秋播夏开。

洋桔梗的种子非常小，发芽率不太高，发芽后，在长达半年的时间里，莲座状的小苗都长得极其缓慢，一度以为它已经僵苗了。到了春末，忽然间它仿佛从沉睡中醒来，嗖的一下蹿高了，甚至太高了，很快就开花了。看着它的花，你会感激自己这么久的坚持，因为它的美值得这么漫长的等待。

洋桔梗苗期需要经过一段时间的低温才能萌发花芽，所以一般都是秋播，等到六七月份开花。花后可以把花枝剪下来，在根部能萌发出新芽，一株变成了多株，因为它是多年生的，来年就可以得到一大丛了。洋桔梗病虫害不多，除了光照不足容易徒长倒伏之外，是非常好的盆栽花卉。当然了，也可以买新鲜

切花，花色很丰富。

洋桔梗很美，可我还是想种桔梗。

跟洋桔梗比起来，桔梗更像是山野花。我第一次看到桔梗是在家乡宜兴的山上。爸爸常跟我说，他小时候去山上能看到特别多的桔梗，饥荒时去挖回来吃，天无绝人之路。可我从来没有见过。后来我去山上转悠拍野花的频次增加，终于在秋天的时候见到了野生的桔梗。第一次见到桔梗的那天晚上，有个家伙跟我表白，后来我们就把桔梗当成了我们的纪念花。后来我和那个家伙结了婚，他成了我的家属。我们离开北京之前，去海陀山上寻野花，又一次遇到了桔梗，我们坐在一丛小小的桔梗花边，一棵栎树下，吹着小风，啃鸡腿吃桃子。山下即是闫家坪村，很小很小的村庄，被一块块平整的菜地包围着，菜地又被草地包围着，几匹马在悠闲地吃草，还有一头奶牛。草地的边缘是群山，山外是天。我们就这么置身于大千世界中寂静的一隅，听着风声，闻着风中的花香，静静地并肩坐着。这么美好的时刻，我吻了他。我是个不信“花语”的人，但是那个时候，我真诚地相信桔梗代表一生不变的爱。

所以每次想种的时候都盘算着等到夏秋季节去家乡的山上找一

棵，就在我第一次见到的地方，然而到了那时要么忘了，要么被各种事情耽搁了。大约是心里隐隐觉得为了这么一棵花大费周章不值得吧。

后来终于在一家看起来靠谱的店铺里买了两株小苗，欢欢喜喜地种在花盆里。过夏天的时候，它们生了很多红蜘蛛，后来又有一次长时间不在家，它们干枯而死。

我不死心，心想就买种子种吧。其实之前也买过一次种子播种，全军覆没。但还是不甘心，总是想再试试的，这次居然发芽率很高，5颗种子全部发芽，从冬到春，小苗一直只有三五厘米高，两对叶子。

到了仲春时节，长得终于快一点。我把阳台上光照最好的地方留给它们了，保持着一周或者10天施一次淡肥的节奏。突然有一天，我发现它们齐崭崭地冒出了花苞。从此，我对它们的关心更多了。

绿色的花苞渐渐长大，变成紫色的，越长越大，开花前两三天，看起来像个气吹得鼓鼓的气球，仿佛一戳它就会发出“噗”的一声，然后绽放。

花瓣是五星形状，偶有四星或者六星的，纯正的紫色，十分可爱。啊，我终于有了一棵属于自己的桔梗。我看着它从一颗种子开始生命的旅程，慢慢成长、开花、凋谢，再开花，长得更大，周而复始，生生不息。

凋谢

有花开，就会有花谢。

有些花单朵开的时间很长，但是它们会在同一时间谢幕，告别这个绚丽的花季。

有些花总体开的时间很长，但每一朵花都只有短短两三天，甚至一天。你在整个夏天每一个清晨见到的鸭跖草花都不是同一朵花。

每天早上，阳台地上都会有一小片海豚花的落花。抬头看看，花还是那么多，似乎有无穷无尽的花要开，落下一些也没有关系。它们每天都在挥霍着花朵，在花色还没有黯淡时就把花朵抛到花架下，特别铺张。突然有一天，地上干干净净了，所有的花都开完了。这个时候，你会知道，一个季节过去了。

毛茉莉在每天清晨开，天黑前落下当天的花朵，落花还是雪白

印度

的，小而精致，看着想戴在耳朵上当耳饰。

一些称之为“朝颜”的牵牛花开花时间很短，清晨我起床时它已经开了。不到中午，花朵已经凋谢，喇叭口子朝花心收卷，即使凋谢也不会特别散乱。

我常常把开了三五天的郁金香剪下来，放在花瓶里用水养着，还能再开三天。到了某个时刻，一阵微风，或者一声惊叫，都能让花瓣轰然掉落，一片片如荷花花瓣。

芍药也是这样，花瓣失去水分后，会

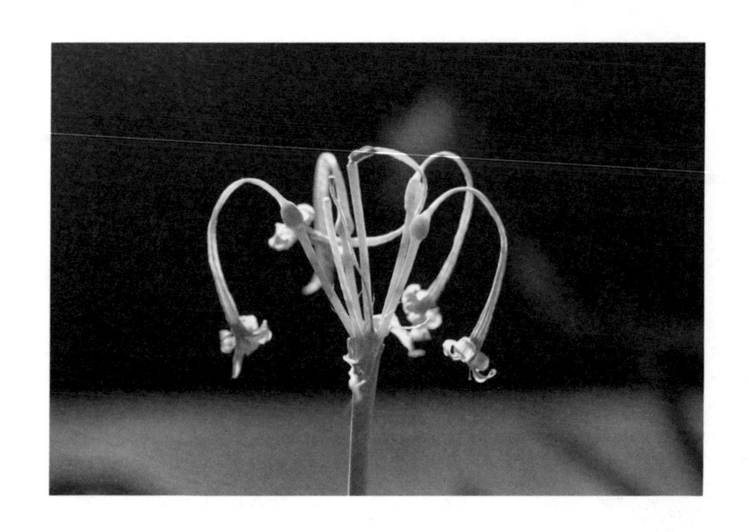

突然间簌簌落下，一大片围在花瓶周围，扫去落花时心中一片惆怅。

月季最让我动容的时刻是盛极而衰的那一刹那，花瓣失去水分，变得柔软，颜色更深了，之后，花朵会突然垂下，有些品种的花瓣会四散而落，有些品种的花朵会留在枝头，浓烈的颜色会突然变得暗淡无光，渐渐氧化。有些花小而多、颜色深的品种，可以在这个时候把花枝倒挂，让它风干，制成干花。鼻尖凑上干枯的花朵细嗅，可以闻到非常浓郁的香气，这种香气不同于鲜花时的甜美，十分浑厚，有人会觉得很冲，那是花的灵魂深处的味道呀。

桔梗的第一朵花开了8天，凋谢那天，早上还好好的，我给它拍了照，到了傍晚，整朵花就已经焦枯了，看起来十分叫人伤心。若不是自己种了，仅从植物照片上，我永远不会知道一朵花会以这样决绝的方式凋谢。

养植物到底是乐观还是悲观的事呢？花谢无疑是悲伤的。然而总会有新的花开，这毕竟又是一件值得期待的事。

我已经是个中年人了，我看过了很多花开，也渐渐能接受花落时的辛酸。就像不管愿意不愿意，我都必须去面对生活中不那么令人愉快的一面，悲伤、无奈、不堪、愤怒、遗憾……我不认为是养花让我学会了面对这一切，而是相反，因为人生到了这个阶段，才学会去欣赏植物不同于含苞待放时的美，带着一种隐隐的哀伤和自怜，又淡然。

我想有个花园……

儿时的乐园

我二年级时的春天，正是我家的新房建好后的第二年，屋后的院墙还没垒起来，只是用一些乱石和柴堆划出范围，示意这是我家的小院。野草还没来得及在此扎根，大片的土裸露着。我想种点花，于是从一个女同学的外婆家拔了几棵凤仙花的幼苗回来，战战兢兢地跟爸爸说："我想种几棵凤仙花。"我本来没打算他会同意，因为别人家的屋后全种着小菜栽着果树呢。爸爸欣然答应，还带着我去挑选合适的位置，用镰刀挖了小坑，郑重地种上，压实泥土，指挥我去河边打来半桶水，浇上，告诉我这叫"定根水"。

我天天去看凤仙花，不时地给它们浇水。到暑假开始时，它们就开花了。凤仙花的花并不十分出彩，但是它可以染指甲，这是我和妹妹梦寐以求的。等到暑假开始后，我们就着手准备染指甲，下午三四点，去采下一小篮花朵，仔细地摘去一些硬质的组织（包括萼片、旗瓣和唇瓣），只留下两片翼瓣，它们大而薄软，饱含汁液。接着做捣花瓣工作，由于家里没有小的研钵，我们就用一些东西替代，将摘好的花瓣取一部分放在海碗里，把锅铲倒过来用木柄来把花瓣捣烂，一边捣，一边加上新的花瓣，直到把花瓣全部捣成糊状，再加入明矾拌匀，然后就放置在那边备用。明矾是着色剂和固色剂，当时很容易取到，因为那时候还没有通自来水，家家户户都挑井水或者河水喝，水储存在水缸里，加一些明矾来让水变得澄清。还有一项准备工作是摘扁豆叶，扁豆叶类似于菱形的形状很适合用来包裹指甲。晚上洗完了澡，我先帮妹妹染指甲，取一些凤仙花泥均匀地覆盖住指甲，不要留空隙，也不要贪多。接着，取一张扁豆叶，把叶子的光面（向阳面）包在里面，裹住指甲，再用棉线扎紧，包好后戴着这些睡一觉，第二天早上起来摘掉扁豆叶指甲套，指甲就染红了。起初，指甲周围也会染上一些颜色，洗过几次就没有了。新长出的指甲不带颜色，到开学时指甲就不红了，那时候学校对染指甲、染头发之类的事情绝对禁止，美一个暑假就够了。在自己没有种凤仙花时，我和妹妹想染指甲却不敢去偷别人家的凤仙花。后来那一片凤仙花自己结种子，来年自己发芽，就这么在我家院子里扎根生长。从此不绝。之后，每年夏天染指甲时，我和妹妹都觉得自己是全村最幸福的女孩。

除了凤仙花，我最爱的是两棵栀子花。最初只有一棵，种上没

Dream

多久，爸爸把一只无故死掉的鸭子埋在花丛附近，之后那丛栀子花就开始疯长，叶子肥厚浓绿，雪白的大花压低枝头。那丛花长了几年之后，爸爸试着剪下一些枝条扦插繁殖，他把剪下的壮枝插在秧田边上，过了一个梅雨季节后，长成了一株株小苗。爸爸挪回院子里种了一棵，其他的送人了。最初的那棵长久了就呈现出颓势，后来渐渐枯死了。新的那棵长成了院子里的明星。每年栀子花开出第一拨花，我就折下一把穿过田埂去

把花送给外婆。外婆是个很质朴的老太太，但是和江南的很多老人一样，她喜欢在耳后的发卡上别上一朵栀子花或茉莉花。

种上凤仙花的那年冬天，爸爸买来4棵桃树栽种在屋后，还有2棵葡萄。桃树长得很好，开花时家里每个人都在花树下拍过照片。桃树的品种不一样，最早结果的那棵是脆脆的桃子，桃核裂开的，非常嫩，这种桃子就算很早摘下，也不太酸。晚熟的桃子需要在树上长很久，如果心急摘下来，特别酸，无法入口。树也有壮年和老年，壮年时，一棵桃树结的桃子怎么都吃不完，过了几年，它老了，树上流着桃胶，开花少了，桃子也不多了。又过了几年，它死去了。爸爸等着它再次发芽，等了两年，终于确认它死去了，于是用斧子把它砍下来，晒干了当柴烧了。

暑假，我和妹妹常常早起，在村里到处转，邻村有户人家在菜地边缘种了村里唯一的一丛美人蕉，我和妹妹偶尔会偷偷摘下一朵花，吸里面的花蜜吃。很多花都有花蜜，但美人蕉的花蜜最多、最容易吸食。后来有天，看到那家正在清理美人蕉，爸爸问他们要来一些块根，回来种在睡莲缸的旁边。那些美人蕉越长越大，每天开出大量的花朵，我和妹妹每天吸花蜜，像两只小蜜蜂。

我和爸爸常常留意别人家的花，问人要一点种子或者分一小株，回来种在自家院子里，渐渐地，院子里种满了花，院墙也砌了起来。这几乎是我童年里待得最多的地方，我和妹妹在院子里看花、拔草，天热时用喷壶给蔫蔫的凤仙花浇水，意外地发现可以制造彩虹。至今我还常常梦见自己在院子里玩耍。这是我人生的起点。拥有一个花园，是我现阶段的人生梦想，而在内心深处，那只不过是为了离永逝的童年更近一些。

Dream

外婆家的院子

现在，每当我想起外婆家的院子，首先浮现的是暑假在那里吃葡萄的情景。我独自一人或者带着堂妹去外婆家，舅舅拿上一把剪刀，在他心爱的葡萄架下逡巡，找出一串最熟最甜的葡萄，剪下来，递到表妹的手中。我们愉快地去把它洗干净，然后围成一圈开吃。葡萄是绿色的，熟透的带着微黄，晶莹透明。葡萄颗粒不大，但每一颗都分外甘美，带着熟透水果诱人的香气。一串葡萄很快就吃完了，我们巴巴地望着舅舅，他吼道："吃一串就够了！"舅舅十分吝惜他的葡萄，所以我们不敢擅自去摘，只能对着它垂涎。

因为那些葡萄，我整个暑假几乎每天都往外婆家跑。但舅舅的葡萄不是每天都剪，没有葡萄吃的时候，我就看舅舅的书。我父母很少买书，但我舅舅和外公尽管生活拮据，还是愿意抠一点钱出来买些书。书多是盗版的武侠，有一套扩写版的白话聊斋我看了又看。我最喜欢翻看的还有一本《家庭花谱》，是关于养花的。书上每一种花都有一张白描的图片，文字部分，先

引古诗，再描述形态，最后讲养护方法。我把那些图片看了又看，当时生活的农村里，大部分观赏植物都见不到，但是我把它们的形象都牢记于心，等我上了初中，在校园里到处转，我凭着这些记忆中的图片，认出了萱草、石竹、碧桃、玫瑰、枸骨、锦带花、海棠花……可以说，这本书是我认植物的启蒙。在那个书籍和糖都十分稀缺的年代里，外婆家就是智慧之源、甘甜之泉。

我舅舅是个爱花之人，他的院子里除了葡萄还养着一缸睡莲，我十分喜爱。暑假里我围在水缸边玩水，把水滴在睡莲油润润的叶子上看水珠，或者徒手捞一下缸里的小鱼，一玩就是半昼。睡莲下的水也是格外的清凉，莲叶的倒影让它显得分外幽深，仿佛深不可测。

后来爸爸向舅舅讨要了一棵，回来种在自己家院子里的大缸里，我花了无数的时间去看这些睡莲。它们小小的火柴头样的花苞从盆底的淤泥里探出来，渐渐长大，浮出水面，花苞鼓鼓的，然后开花。花是紫红色的，每一朵能开四天，昼开夜合，第一天开的颜色最淡，仿佛是在粗糙的白纸上浅浅地上了层浅紫红的底色，开花时间也最晚，第二天稍早，到最后一天，花早早地开了，整片花朵都变得很红，花到傍晚很迟才收拢，恋恋不舍地告别世界。花败后，花梗便会垂入水中，腐烂。每年的第一朵花是在五一前后，整个夏天都在开花，我常做的一项工作就是把开过花的花梗摘下来扔掉。养睡莲的缸是宜兴产的陶缸，现在已经不多见了，非常大，可装1立方米的水。我的外婆，一个言语不多的老太太，有一次看到睡莲，惊讶地说："呀，这个水缸开花了。"我当时嘲笑她说错话了，明明是缸里的睡莲开花了。那年冬天特别冷，水缸里结了冰，把缸涨开了。那时候我想起外婆的话，才发现她说得一点都没错。

外婆喜爱香花，栀子花开时，她会在耳后的头发上别上一朵。她家院子后面，有一丛很大的月季花，外婆叫它"月月红"。这是一种中国古老月季，多季节开花，花色深红，有天鹅绒光泽，花枝垂软，十分谦逊的样子，香味极浓。外婆不许我去摘，因为长在院子外面，我无法打开那扇厚厚的门，所以那花对我来说就像个传说一样存在着，只有极少的时候，外婆会剪下几朵插在玻璃水杯里，放在窗台上，我时不时去闻一闻那馥郁的芬芳。

二十多年后，当我想种月季时，总是对浓香型的月季格外有好感。但香气是十分微妙的东西，它无法保存却常留在记忆深处。当我闻过很多种月季花香，看过流行的欧洲月季绚丽的花色和繁复的花型，我发现我内心深处最想得到的是外婆家的那种。很可惜，现在的市场已经是欧洲月季、日本月季的天下，中国古老月季已经难觅踪迹。我有些惆怅，也明白了一些事情，青春年少时，总是想要挣脱原生环境，长成一个与自己父辈不一样的人，年纪稍长，不再刻意塑造自己、不在意外界的目光，遵循自己的心性生活时，才发现内心深处，还是那个想去闻一闻“月月红”的孩子。只是她长大了，那丛花却找不到了。

爸爸的小花坛

我父母住在拆迁安置小区，小区的绿化做得很潦草。按照某种古老的“先占先得”法则，小区里的住户纷纷占下一块绿地，或种菜或浇了水泥地用以停车。我爸妈的房子在一楼，所以楼梯间旁边的那块地就被我爸用来种花了。

为了这块地，我曾和三楼的老太太吵了一架，当时她要把整块地全浇上水泥，我站在她雇来的推土机前以双手叉腰泼妇骂街的姿势跟她理论了很久，最终她留下了一块大约为长5米、宽3米的地。

但是她并不甘心，经常往地里倒一些菜汤扔一些垃圾，我爸爸都默默清理掉了。有一次她顺手把我爸爸种下的葱兰拔回去烧鱼，以为是小葱，隔天还跟我爸爸说：“你种的葱怎么不香啊？”

后来花坛打理得很好，邻居们都喜欢站在花前闲聊，那位老太太又以功臣自居，真是让人无语。

再后来她身体渐渐变差，腿脚不便，也没有心思再搞破坏了。我们一家便也不觉得她有多讨厌了。

去年5月我回娘家去，得知她瘫痪在床，为了方便已经搬到了车库里住，她需要人24小时看护，又逢她的保姆辞职了，我经常能听到她发出的唉声叹气声。没过多久爸爸在电话里说她去世了。

而那片被她拔过的葱兰已经十分壮观，仲夏过后开始开花，暗绿色的葱状叶衬得花朵格外洁白。

葱兰并不是入驻小花坛的第一种花，第一种是某种酢浆草。

爸爸之前当了近十年的绿化工人，认识很多花木，这种酢浆草被他称为红花酢浆草，是近十几年来被广泛种植的地被植物。然而它的学名是Oxalis articulata，对应的中文名是“关节酢浆草”。

这一片关节酢浆草是从一个废弃的工厂门口的一块已经被挖土

Dream

机刨了一半的花坛里带回来的，那是我第一次见到它的块根，一个个小球像一串冰糖葫芦。爸爸把它们扯开，在花坛最外面种了一圈。种上后，起初带过来的叶子渐渐枯萎，没过多久就长出了新的叶子，开花不断。

它们由最初的一溜儿变成了现在的1尺多宽，年复一年地开着花。

有几棵月季，是最普通的丰花型中国月季，它们最初长在关节酢浆草的南边，现在被关节酢浆草包围了。它们从3月一直开到11月。

最初打理花坛那年种下几棵嫁接的国月，后来因为修剪过度，从底部长出的芽都是砧木发出来的，所以那三棵月季就变成了蔷薇花。现在年年4月底、5月初开一季粉红色的花。

蔷薇和月季的叶子上经常会出现小小的圆圈缺口。起初我和爸爸都不知道是怎么回事。我以为是一条强迫症虫子吃的，爸爸则倾向于认为是有人无聊用打孔机打的。后来我加入了一些博物爱好者的组织，无意中得知了“切叶蜂”这种生物，它会用自己的上颚切下一小块圆圆的叶子带回去筑巢。

解开了谜题我和爸爸都很开心，尤其是爸爸，总觉得自己种的东西能被某种小小的生命赏识，是他的荣幸。他从没想过要防治，反而觉得叶子上有些圆圆的缺口蛮可爱的，反正叶子多的是。

在这几年的种植管理中，新品种陆续增加，也淘汰了很多。

2009年，我在花坛里播下很多草花，当时种花还比较粗放，所以能自己发芽的都是些皮实的家伙，如波斯菊、石竹、康乃馨、飞燕草、金鸡菊等。

后来渐渐只有石竹了。又过了两年，石竹也绝迹了。

也种过蜀葵，开了几年花，爸爸嫌它太大，又特别容易长虫子，就不再种了。

我也曾把一棵紫花地丁从野外移栽到花坛里，这是我小时候特别喜欢的一种小野花，它们在花坛里很适应，几年下来，蔓延到各处，早春开出星星点点的小紫花，特别可爱。

有一年，不知怎么长出来一棵绵枣儿，着实让我惊奇了一番。后来又没有再开花，我不知道，因为我已经离家很久了。

我在北京的时候，有个朋友也一样是北漂，我们住得很近，她给我一包二月兰种子。我过年回家时给爸爸随意撒在花坛里，后来每年春天打电话都问一下二月兰开了没。他说开了。我一直没有见过，直到去年才在它的花期尾声见到一些花。想想这几年，我去了北京又迫于生计而逃离，在苏州安了家，生了孩子。而给我种子的那位朋友，则去了新西兰，重新当了学生。我们生活的小船曾经并行，又各自飘散，也不知道何年能够再相逢。而花，不问世事地年复一年，该开时开，该落时落。

我离家那年，给爸爸买了四棵牡丹。早一年爸爸在菜场门口临时摆摊的人那边买了一棵牡丹“乌龙捧盛”和芍药“粉玉奴”，都是特别常见的品种。我买的是昆山夜光白、姚黄、粉楼台、红玉。光是听名字就觉得很美。花收到的时候，我和爸爸都很开心，满怀期待地把它们种下。可惜我们都没有见到花开。第二年春天，被人偷走两棵，后来又被偷走一棵。剩下的两棵，去年夏天太热了，我爸爸没做防护，它们热死了。

关于被偷一事，其实早有心理准备。之前我爸爸用两个紫砂盆种了两棵龙舌兰，放在花坛边上，有一天发现花盆被人偷走了，可怜的龙舌兰被人十分嫌弃地扔在一旁。为此我爸爸愤恨了很久，时常念叨：“龙舌兰明明很好啊，为什么偷的人看不

上？！”

总之就是，这种安置小区的人特别杂，总有些人会偷鸡摸狗。爱花并不能让人道德更高尚。

我和爸爸种点花，并没有觉得花对人有什么道德感化作用。我们只是更能欣赏“无用”之物的美，更关心四季的变化，以及对“人比花丑”有更直观的感受。

在几年的种花过程中，我渐渐明白，植物和人是互相选择的。因为光照不理想，很多植物长势不好，久久不愿开花。一些却

把这里当成了家园，越来越繁茂。

一种是虎耳草，起初是楼上阳台上的，掉下一棵，落到土里生了根，就开始长。今年5月我回家一趟，正逢它们开花，远看一片小白花高高地支起来，叶子是贴地长的。近看，每一朵花都顶着两个长长的兔耳朵，所谓“虎耳”，难道是因为叶子的形状？不开花时，观叶也挺好，绒绒的，质感厚实，带着花纹。

另一种是绣球，它现在是花坛里的主角。五六月间，浓翠的大叶片上托着一个个巨大的花球，路过的人都要称赞一番。爸爸跟我说，今年绣球开了57朵，他自己摘掉了一朵，因为“五十六个民族五十六朵花”。这一片绣球，最初是种在老屋院子里的，拆迁时爸爸舍不得它们就这么被挖土机夷为平地，就挖了两棵种在花盆里，搬到哪儿都带着。整这片小花坛时，它也是第一批种下的植物。种下时，爸爸对它说：“现在这里是家了。”

梦中的花园

早春的时候，我在某个路口等红绿灯的时候，听到一个中介小弟在跟他的另外两个同事聊天，意思是他想穿越回古代，用现代知识混得比其他人好。他同事劝他好好记楼盘信息，不要做白日梦。

我笑笑。过斑马线的时候想想，做白日梦多开心呀，不要嘲笑做白日梦的人嘛。

我的这个白日梦的主题是：花园。

我想有个花园。这是我每隔一段时间就会做一下的梦。随着春天而至，或者在漫漫长冬徘徊。

我想种这个想种那个，想方设法从阳台上挤出一些空间来。每次我在折腾的时候，家属就在一旁叹气：这么大的阳台怎么就这么挤呢？

为什么？还不是因为我没有花园吗！

有了花园，我立马要种上一棵纪念树。种什么呢？我想好了，枇杷！枇杷长得很快，很快就可以亭亭如盖。

上面两句画掉。

严肃认真地说，我要种一棵金缕梅。因为在早春一片萧条中它一树金色，心情马上就燃起来了，香气还那么好闻。白塘公园里有几棵金缕梅，树不太高，小灌木，我每年早春时都会去看它的花，花期很长，非常棒。

果树也要来一棵，欧洲甜樱桃不错呀，好吃又好看。希望有一头鹿来偷吃樱桃，脑袋上长出一棵樱桃树。

然后再说藤蔓。薜荔络石胡乱缠在一起就挺好的嘛，薜荔果实可以吃，络石病虫害少。如果还有空间，我想种一棵凌霄，整个夏天都能开花。紫藤就算了，花期太短。

春天我希望包括但不限于这些植物在开花：各种小球根每年如期而开，番红花、蓝壶花、银莲花、蓝铃花、老鸦瓣。不能

Dream

少了紫色的堇菜属和紫堇属。

可以吃的有草莓，因为女儿很喜欢草莓……不过，谁不喜欢呢？

开花小灌木品种想种单瓣李叶绣线菊，剪下来插在花瓶里也很美。还有可以结出甜美浆果的蓬虆，这几乎是我小时候最想做的事情了。

地栽的多年生草本喜欢芍药和耧斗菜，芍药一开一片真是让人沉醉。

不能少了鸢尾属，想收集品种！

还有月季，有花园难道不就是为了种各种各样的月季吗？

花开着开着就夏天了，初夏最爱栀子花。要种一大棵！每天早上都能闻到那无与伦比的芬芳，真是美好的生活。

还有一丛绣球花呀绣球花，开在连绵的雨季，花枝低垂，绿叶滴翠。

接着，在一个个昏昏欲睡的午后，透过窗户看不怕热的夏季草花不知疲倦地开着。

夏天可以有一些傍晚开的花，花小而香，吸引着夜行的小动物，晚风送来阵阵花香。

需要个小小的池塘，睡莲当然是不可少的，埃及蓝睡莲就很好，澳洲紫白睡莲也非常美丽，荇菜睡菜这类开小花的也很精

灵啊！菱角就算了，毕竟八块钱一斤啊！

水边要种荸荠，一定的！小小的茨菇花也非常好看，还可以挖起来炖肉吃。

然后呢就等着石蒜季啦，换锦花最爱，其他的也不赖，多多益善。

秋雨中，看桂花被雨打落。或者在晴好的日子里，把桂花捋下，做成糖桂花。

看叶子的季节里，怎么能少得了一棵小枫树？或者就单纯的一棵鸡爪槭，春天看小爪似的新芽，夏天在树下仰头看繁星似的树冠，秋天看树叶变红飘落，冬天看树枝的形状。

此外，还得有个暖房！用于播种，呵护小苗，也用来种那些娇弱的、怎么伺候都不怎么想给你看花的非本地植物。

啊，还想僻一处岩石园！种各种仙人球，仙人球的花都好美好美。

我冷静下来，看看上面的文字，发现整个白日梦就是一出报花名。要不怎么说是梦呢？朦胧缥缈，浮在空中，飘飘荡荡，不忍散去。它那么美，那么轻，带着我的灵魂起飞，从生活的重压下解脱片刻，飞至更远的地方。

图书在版编目（C I P）数据

一年无事为花忙 / 徐晚晴著 . -- 南昌 : 江西美术出版社 , 2018.7
ISBN 978-7-5480-6154-0

Ⅰ . ①一… Ⅱ . ①徐… Ⅲ . ①花卉 - 观赏园艺 Ⅳ . ① S68

中国版本图书馆 CIP 数据核字 (2018) 第 135559 号

出 品 人 \ 周建森
责任编辑 \ 方 姝 邱 婧
书籍设计 \ 小满設計 + 郭 阳
责任印制 \ 谭 勋

著 者 \ 徐晚晴
绘 图 \ 悬 铃
出 版 \ 江西美术出版社
社 址 \ 南昌市子安路 66 号
网 址 \ www.jxfinearts.com
电子信箱 \ faxing@jxfinearts.com

电 话 \ 0791-86565703
邮 编 \ 330025
经 销 \ 全国新华书店
印 刷 \ 浙江海虹彩色印务有限公司
版 次 \ 2018 年 8 月第 1 版
印 次 \ 2018 年 8 月第 1 次印刷
开 本 \ 889mm × 1194mm 1/32
印 张 \ 6.5
ISBN 978-7-5480-6154-0
定 价 \ 62.00 元

扫二维码
一起聊手绘
投稿请私信

婧婧书

设计支持